Eurus

Notus

ゲノム編集を問う

——作物からヒトまで

石井哲也
Tetsuya Ishii

Boreas

Zephyrus

岩波新
1669

はじめに

２０１７年4月18日、科学技術分野で飛躍的な成果をあげた日本国際賞受賞者３人が官邸を訪問した。安倍首相は「画期的な研究に敬意を表したい」と一人の男性と二人の女性の研究者を称賛した。後者の女性コンビこそ、第三世代のゲノム編集技術を開発したドイツマックス・プランク感染生物学研究所のエマニュエル・シャルパンティエ所長と、米国カリフォルニア大学バークレー校のジェニファー・ダウドナ教授だ。翌日、この二人は天皇、皇后両陛下の御臨席の下、東京都で開催された授賞式で満面の笑みをたたえていた。

ノーベル賞級の発明とされる新型遺伝子工学ツール、ゲノム編集は、遺伝子組み換え技術より圧倒的に高い効率で遺伝子を改変することを可能にした。生物の設計図である「ゲノム」の中の狙った部分に遺伝子を導入できるだけではなく、特定の遺伝子に突然変異に似た変異を起こすこともできる。さらに、ゲノム中の複数の遺伝子を同時に改変することも可能だ。今、私たちは、ゲノムを自在に変更する強力な編集ツールを手にしたのだ。

ゲノム編集の研究は、特定の研究室だけで行われているわけではない。コストや利便性に秀でた第三世代のゲノム編集、CRISPR/Cas9（クリスパー・キャス9）は、世界中の研究室に急速に普及し、2013年時点で300未満だった論文報告数が、2016年末には4700を超えている。

ゲノム編集は、多くの分野に大きな恩恵をもたらし、将来の社会を変貌させる力を秘めているという見方もある。

例えば農業では、従来は10年以上もの年月がかかった作物育種の期間を大幅に短縮するばかりか、作物に除草剤への耐性や病害への抵抗性を与えたりといった、従来であればほぼ遺伝子組み換えのみで可能であったようなことも、遺伝子を導入せずに実現できる。すでにイネ、コムギ、オオムギ、ジャガイモ、トマト、ダイズ、トウモロコシなどで、多数の研究報告がある。

ゲノム編集は、医療にも応用することが可能だ。すでに臨床試験段階に突入したものもいくつかある。例えば米国では、ゲノム編集された免疫細胞をエイズ患者に投与するという臨床試験が次々と立ち上げられ、着実に進んでいる。中国では、ゲノム編集でがん細胞への攻撃能力を高めた免疫細胞を用いた治療開発が進む。ゲノム編集治療は不治の病を、一つ二つと根治可能な病に変えると期待されているのだ。

こうした華やかさの陰で、この強力な遺伝子工学ツールは、世界に波紋も生んでいる。欧州ではここ数年、ゲノム編集を用いた育種法の規制をめぐって大きな論争が続いている。ニュージーランドでは、規制をめぐって、環境省が告訴されるという前代未聞の事態に発展した。医学研究では、２０１５年４月、中国の研究グループがヒト受精卵のゲノム編集の基礎研究成果を発表すると、世界的に深刻な懸念の声が上がり、ホワイトハウスが緊急声明を発表するに至った。

本書では、筆者が国内外での学会、市民対話、サイエンスカフェなどでの登壇で得た知見をもとに、生命倫理の観点を大切にしつつ、ゲノム編集の農業と医療への応用についての論点を提供したい。第1章では、ゲノム編集の技術の特徴について説明し、第2章では多くの人に関係する農業応用について、遺伝子組み換え作物を巡る論争を振り返りつつ、様々な論点を示す。また、ゲノム編集で改変されたウシやブタ、ヒツジなどの家畜についても、想定される論点を紹介する。第3章と第4章は医療応用を扱うが、第3章では患者に対する治療開発について、第4章では将来病気を発症しないように予防する、または今いる患者の不妊を解消するための生殖医療応用について、対比的に論点を紹介していく。第5章は読者とともに、ゲノム編集の農業や医療への応用の論点を比較し、本当に重要な問題は何か、考えを深めていきたい。

ゲノム編集の時代が到来した。私たちは、様々な種の動植物、そして私たち自身の設計図を自在に変更する力をもったのだ。今、その強力なパワーをいつ、どこで、だれが、なにに、なぜ使うのかが問われている。本書の読者が、ゲノム編集の将来についての議論の担い手となっていただけたら幸いである。

目　次

はじめに

第1章　ゲノム編集とはなにか？……1
1　ゲノムから遺伝子、タンパク質まで　2
2　狙った遺伝子を書き変える——遺伝子組み換えとの違い　10
3　ゲノム編集の三世代　14

第2章　品種改良とゲノム編集……25
1　ゲノム編集作物と家畜の作り方　26
2　遺伝子組み換えをめぐる果てなき論争　39

3　食卓にのぼる日はくるか　64
コラム　遺伝子ドライブによる有害生物の駆除　83

第3章　ゲノム編集で病気を治療する……85
1　遺伝子治療とゲノム編集治療の登場　86
2　実例とリスク評価の問題　104
3　手の届く医療となるか　119

第4章　ヒトの生殖とゲノム編集……131
1　生殖細胞の遺伝子改変の意味　132
2　ヒト受精卵の遺伝子改変の是非――サミットでの議論　151
3　ゲノム編集は「目的」にかなうのか　162
コラム　皮膚の細胞から卵子や精子は作れるか　177

第5章　ゲノム編集の時代を考える……179
1　遺伝子組み換え作物からの教訓　180
2　作物と動物、心理的ハードルの高低　182
3　遺伝子治療から学ぶべき教訓　184
4　家族形成と生殖医療の意思決定　187
5　対話のために　192
6　「遅れている」国に望むこと　202

あとがき……207
参考文献

第1章　ゲノム編集とはなにか?

「ゲノム編集」は、よく耳にする「遺伝子組み換え」とどう違い、どのくらいすごい技術なのか。また、そもそもゲノムとは何だろうか？　本章では、クローン技術やｉＰＳ細胞などにも触れながら、動植物のゲノムにある遺伝情報を書き変えるという「ゲノム編集」の威力のほどを理解する。

1　ゲノムから遺伝子、タンパク質まで

私たちヒトのように、複数の細胞からなる生物には、大きく分けて2種類の細胞がある。体を作り機能させる体細胞と、卵子や精子を含む生殖細胞だ。後者は、次世代を作り出す特別な役割を担っている。最新の知見によると、ヒトの体は約37兆個の細胞から構成されているらしい。体にある膨大な数の細胞は、一つの卵子と一つの精子が受精して生じた、たった一つの受精卵に端を発している。

受精卵が一度分裂すると、2個の細胞になる。それを繰り返して5日前後の段階で、１００程度の細胞からなる胚盤胞という状態になる。大きさは0・1から0・2㎜程度だ。この胚盤胞

が女性の子宮に着床すると、胚盤胞の内側にある細胞の塊が胎児に、外側の栄養膜が胎盤や絨毛に発生していく。流産することなく、胎児が子宮の中で順調に発達していくと、10か月ほどで赤ちゃんが誕生する。母親の体内で、偶然一つの卵子と一つの精子が受精し、赤ちゃんの姿に変わっていく。驚異的な変化を遂げる様には神秘と感動を覚えずにはいられない。この発生プログラムは、受精卵の中にある設計図、ゲノムの指示により導かれたものだ。

ゲノム(genome)は、元々 gene(遺伝子)＋chromosome(染色体)を合わせて作られた言葉で、今日では、ある生物にとって最低限必要な遺伝物質の一式、生物の設計図を意味する。ヒトのゲノムのほとんどは、細胞の中にある核という器官に格納されている。残りのごくわずかなゲノムは、やはり細胞の中の、ミトコンドリアという器官にある。なお植物の場合、細胞の中の葉緑体という器官にもゲノムがある。

核には、母親と父親から一式ずつ受け継いだゲノムが2セットある(二倍体と呼ぶ)。体細胞の分裂に先立って、核の中では両親それぞれに由来するゲノムが複製され、計4セットのゲノムとなる。分裂にあたっては、それが父・母由来の2セットずつ分配され、その結果、分裂前と同じセット数のゲノムをもつ二倍体の細胞が二つ生じる。一方、生殖細胞すなわち卵子や精子は、二倍体の細胞から減数分裂という特別な過程を経て生じた一倍体の細胞、つまり核ゲノムを1セットのみ持つ細胞だ。母親由来の生殖細胞である卵子と、父親由来の生殖細胞である精子がそれぞれ一つずつ受精して、二倍体の受精卵が生じるわけだ。(なお、ミトコンドリアのゲノムについては、卵子と精子の受精後に、精子由来のミトコンドリアが分解され、消失するため、卵子にあるミトコンドリアゲノムだけが母親から子へと伝えられる。)

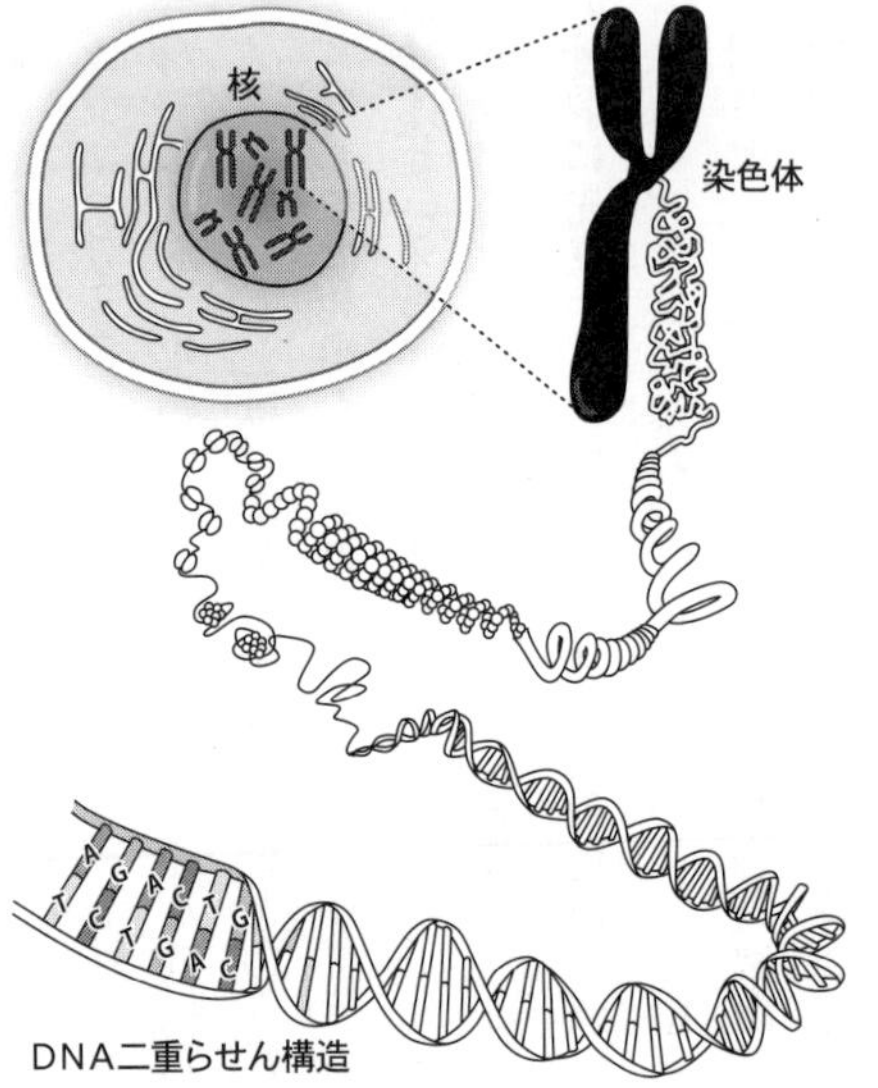

図1　核ゲノムにおけるDNAの高度な折りたたみ

細胞の核には染色体という構造物がある．染色体をほどいていくとヒストンというタンパク質が，とても細い二重らせん構造をとったDNAを巻き取っている形であることがわかる．塩基配列を読み取るときなど，必要に応じて塩基対やヒストンの巻き取りはほどかれる．©川野郁代

有名なクローンヒツジ「ドリー」は、1996年、6歳のヒツジの体細胞から作られた。ヒツジの乳腺の体細胞(二倍体)一つを、別のヒツジの、予め核を抜きとっておいた卵子に移植し

（体細胞核移植）、電気刺激を与えて発生させた後、代理母となるヒツジの子宮へと移植することで誕生した。これは、乳腺細胞という体細胞のゲノムでも、特殊な環境におけば、再び、全身を形成するように発生プログラムを進行させることができることを示している。乳腺細胞は、核を除いた卵子に移植することによって、受精卵の時と同様の能力を再獲得したといえる。この現象を初期化（リプログラミング）と呼ぶ。体細胞で数個の遺伝子を操作して初期化を起こして作られるのがiPS細胞だ。

さて、ゲノムの実体はデオキシリボ核酸（DNA）という物質で、そこに生物の設計図が記されている。DNAは紐状で、ヒストンと呼ばれるタンパク質とともに非常に高度に折りたたまれ、染色体を形成している（図1）。ヒトの卵子と精子の核にはそれぞれ、22本の常染色体（およそ大きさ順に1番〜22番染色体と区別されている）と1本の性染色体（卵子ではX染色体、精子ではX染色体あるいはY染色体。Yの方がずっと小さい）がある。これらを1セットずつ受け継いだ体細胞の核には、常染色体44本と性染色体2本があるということになる。つまり、私たちを構成する細胞ひとつひとつには通常一つの核があり、そこにはDNAが46本分ある。なお、細胞の種類によって異なるが、ミトコンドリアは1細胞あたり数百〜数千個あり（卵子は10万個も！）、一つのミトコンドリアの中には、環状の小さなミトコンドリアDNAが数個ある。

DNAは、どのような「設計図」なのだろうか

「設計図」というのは、生物の体を構成する、あるいは機能させるタンパク質の設計図、ということである。様々な種類のタンパク質があるが、いずれも、20種類あるアミノ酸(ヒトの場合)が並んでつながってできている。ゲノムとは、あるタンパク質のアミノ酸の配列を決めるひとまとまりのDNA配列(遺伝子)や、その働き方を制御する配列などの総称なのだ。

核のDNAは、二本の鎖が、その内側に位置する4種類の塩基、アデニン(A)とチミン(T)、グアニン(G)とシトシン(C)の組み合わせで結合した、二重らせん構造をとっている。二本の鎖をほどいて一本の鎖にすると、塩基がずらっと並んでおり、3つの塩基の並び方(4×4×4=64通りの並び方がある)で、アミノ酸の種類を指定している。例えば、長大なDNAの塩基配列の中で、アデニン、チミン、グアニンの並び(ATG)が出てきたら、アミノ酸の一種であるメチオニンを指定する。このような3つの塩基の並び方をコドンという。

さらに、実は「ATG」という配列の役割はもう一つある。「ここがタンパク質合成の開始点」というサインを意味するのだ。以後、DNAの塩基3文字単位の並びでアミノ酸の種類が指定され、「終了」を意味する配列が出てくると、そのタンパク質におけるアミノ酸の配列が

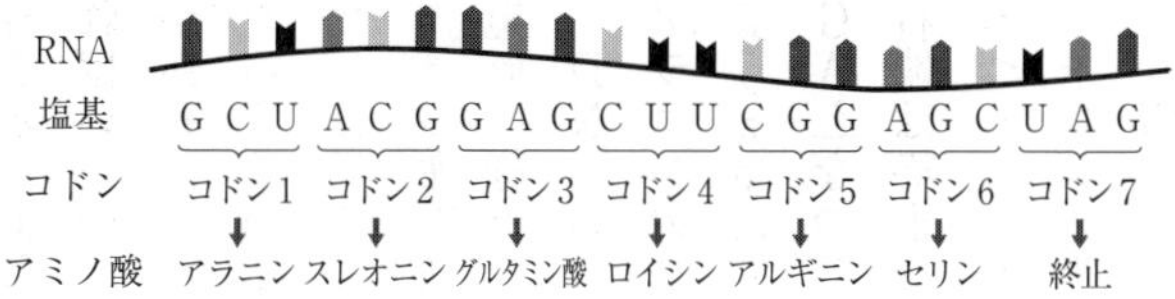

図2　mRNAからアミノ酸配列への翻訳

決まる。

DNAの塩基配列からタンパク質が作られる際には、いったんリボ核酸（RNA：塩基としてA、U（ウラシル）、G、Cの4種類がある）の一種、メッセンジャーRNA（mRNA）に写し取られる（転写という）。転写では、DNAのAはRNAのUに、以下それぞれTはA、GはC、CはGに対応するように写し取られる。mRNAの塩基配列情報に従い、トランスファーRNA（tRNA）がアミノ酸を運びこむ。こうして、遺伝子が指定した通りのアミノ酸配列をもつタンパク質が細胞内で合成される（翻訳という。図2）。

RNAの塩基配列から直接、タンパク質を作ればいいじゃないかと思われるかもしれない。確かに、RNAをゲノムとするウイルスもいる。だが、RNAは化学的にDNAよりも不安定であり、DNAを遺伝情報とする方が、その個体が安定に生命活動をしていく上で、また親から子へと遺伝情報を伝える上で有利なのだ。たとえると、DNAにある遺伝子は図書館に大切に所蔵されている本、mRNAは蔵書本から写し取ったノートで、ノートに写し取られた情報は、図書館の外でいろいろな活動に使われるということである。ノートが破れたり、ノートを無くしてしまったりしても、また図書館で写し取ればいいのである。ノートに情報が写し取られるのは一度だけではない。社会に重大な出来事があれば、何人もの人が図書館でそれに関連する情報を閲覧し、写し取り、図書館の外で使うだろう。同じように、生物の各々の発生過程や、怪我、病気の場合など、その時の状況に応じて、たくさんある遺伝情報から必要な情報が、必要な量だけ転写される。こうして作られたタンパク質は生命体の構造の維持に使われ、また一部は酵素として糖質や脂質を作り出す機能を担い、様々な生命現象が生み出される。

DNAのA、T、G、CはmRNAのU、A、C、Gに転写される。この意味を一番左端のアラニンのコドンを基に説明すると(図2)、DNAは二重らせん構造をとっており、一本の鎖(センス鎖)は左側からGCT、もう一本の鎖(アンチセンス鎖)で塩基対を形成している部分はCGAとなっている。アンチセンス鎖のCGAがmRNAに転写されると、GCUとなる。図の右端は終止コドンの一つであり、DNAのセンス鎖のTAGに対応し、ここにはtRNAはくっつくことができない。

1953年にDNAの二重らせん構造が発見され、その50年後の2003年には、ヒトのゲノム約32億塩基対の配列が解読された。

その後の詳細な解析により、ヒトのゲノムには約2万2000種類の遺伝子があることがわかった。一つのタンパク質をコードする遺伝子には、アミノ酸配列情報をもつエキソンと呼ばれる部分が通常複数あり、エキソンどうしの間をつなぐ部分はイントロンと呼ばれる。ヒトのゲノムのエキソンを合計すると、約3000万塩基、ゲノム全体の約1％に相当する。

また、ヒト個人どうしの間でゲノムを比較すると、99・9％は同じだが、0・1％は異なることもわかった。各遺伝子において、一塩基のレベルで違いがみられることがあるのだ。ヒトにかかわらず、一般にこうした遺伝子多型は一塩基多型（SNP）と呼ばれ、その生物集団の1％以上の頻度で出現するものと定義されることが多い。SNPはDNAの塩基配列からみた個体差であり、外観上の個性や、個体によってある薬剤の効きやすさが異なることなどに関係する。

一方、変異とは、SNPより頻度が低い塩基の変化のことをいう。変異は、生物に病気など大きな変化をもたらすことがある。特に、紫外線の照射やある種の化学物質の作用、あるいはDNA複製時の誤りなどで、遺伝子のエキソン部分でいくつかの塩基が欠損したり、あるいは挿入されたり、また別の塩基に置換されたりといった変異がおこると、その遺伝子の情報が変更されてしまう。アミノ酸の配列が変わることで、タンパク質の機能が失われたり、逆に機能が増強されうるのである。イントロンの部分に変異が入っても、遺伝子の機能に影響がでることがある。

ヒトを含む様々な動植物種のゲノムについて、ＳＮＰや変異がどのような生物学的、医学的意味をもっているのか解明する作業が急速に進んでいる。そこで得られた知識を基に、本書の主題であるゲノム編集を使えば、遺伝子組み換えとは一線を画した遺伝子改変ができる。以下、ゲノム編集の威力を、遺伝子組み換え技術と比較しながら眺めてみよう。

2　狙った遺伝子を書き変える——遺伝子組み換えとの違い

１９６０年代末から70年代にかけて、細胞の外でＤＮＡを切断したり、ＤＮＡの断片どうしを再び結合させたりすることができるようになった。つまり大雑把ながら、生物の設計図の一部を試験管内で作りあげることができるようになったのである。

ＤＮＡの切り貼りに使うのは、微生物由来の酵素だ。このうち、切断に使われる酵素を、制限酵素という。例えば、大腸菌から発見された*EcoRI*という制限酵素は、ＧＡＡＴＴＣというＤＮＡ塩基配列を認識し、この配列を切断する。当然だが、ＤＮＡの切断が可能なのは、利用できる制限酵素が認識する塩基配列に限られる。一方、ＤＮＡ断片どうしを「貼る」にあたっては、ＤＮＡリガーゼという酵素を使う。

そしてＤＮＡの切り貼りを使い、ある種の細胞のゲノムに、別の種の細胞に由来する遺伝子を組み込むことができるようになった。これが、いわゆる遺伝子組み換えである。

ある細胞に目的の遺伝子を組み込むにあたっては、まず、目的の遺伝子を用意する（細胞からゲノムＤＮＡを抽出して、制限酵素で目的の遺伝子を切り出す、あるいは目的の遺伝子だけを増やしておく）。次に、この遺伝子を、あらかじめ切断しておいた「運び屋」（ベクター）役のＤＮＡ（プラスミド。多くの場合、リング状のＤＮＡ）に連結させる。そしてこのプラスミドを、研究用の大腸菌の中に導入して、培養する。大腸菌の増殖とともに、プラスミドも増える。この大腸菌からプラスミドを抽出して、遺伝子を組み込みたい細胞の中に導入するのだ。

動物の細胞へ遺伝子を組み込む場合、プラスミドを使って目的の遺伝子をウイルスベクターに持たせて、目的の細胞に感染させることが多い。すると細胞の中で、導入した遺伝子からｍＲＮＡが転写され、タンパク質へと翻訳される。植物の場合は、プラスミドに目的の遺伝子を組み込んでから、いったんアグロバクテリウム属の細菌に導入し、この組み換え細菌を植物細胞に感染させるという方法がよくとられる。

こうした遺伝子組み換え技術を使えば、ある生物に対して、その生物にはなかった遺伝子を導入することができる。例えば、ヒトのタンパク質を産生する遺伝子を大腸菌に組み込めば、大腸菌にこのタンパク質を作らせることができる。

こうしてできた最初の遺伝子組み換え医薬品は、インスリンであった。1982年、米国で承認された。血糖値を下げるこのホルモンは糖尿病の治療に用いられ、以前はウシやブタのすい臓から抽出、調製されていた。しかし、患者1人が1年間で必要とするインスリン製造に、なんと約70頭のブタが必要だったのである。それが遺伝子組み換え技術によって、大腸菌にヒトのインスリンを効率的に作らせることができるようになり、多くの糖尿病患者の人生を変えた。

動物や植物でも同様に、遺伝子組み換え技術を用いれば、家畜や作物に、従来はなかった遺伝子(外来遺伝子)を導入することができる。遺伝子組み換え作物として世界で初めて承認されたのはトマトで、1994年、やはり米国でのことだった。カルジーン社によるFlavr Savrという商品名のトマトで、遺伝子組み換えにより、植物細胞内においてポリガラクツロナーゼという酵素の産生が阻害される結果、細胞壁の崩壊が起こりにくくなり、果実の日持ちが良くなると謳われた。

さて、遺伝子組み換えはたしかに画期的な技術だったが、一方で問題点がいくつかあった。

まず、外部から動物や植物の細胞に導入した遺伝子は、細胞の中で漂っていずれ分解されるか、核ゲノムにランダムに組み込まれることが多い。大腸菌に遺伝子を導入する場合、「運び屋」役にプラスミドを用いれば、導入された遺伝子は、細胞分裂後も安定的に次世代の細胞へと伝えられる（上述のインスリンのケース）。しかし動物や植物の細胞が対象の場合、それらの核ゲノムへと遺伝子を導入することをめざすのだが、その効率は低い。また、ゲノムの特定部分を狙ってそこに遺伝子を導入しようとしても、狙い通りの結果を得るのはとても難しかった。

それゆえ、動物や植物に遺伝子を導入する場合には、遺伝子が確実に導入されたという目印になる遺伝子（マーカー遺伝子）を同時に導入することで、遺伝子が導入された細胞のみを選抜するという方法が多くとられていた。だが、そうして同時に導入されたマーカー遺伝子が他の遺伝子の発現に影響して、実験データの解釈を難しくする恐れや、また医薬品や食品開発の場合は、安全性へ与える懸念もあった。さらに作物の場合は、野外で栽培され、近縁種との交雑が起きると、生物多様性へ悪影響を及ぼす恐れもある。

一方、ゲノム編集技術は、制限酵素などを細胞内に導入し、それらが細胞内で直接、ＤＮＡを精密操作する仕組みになっている。細胞外ではなく、細胞内で直接的に遺伝子の改変を行うイメージだ。ある細工をしておいた制限酵素を、動植物の細胞に〝直接〟導入する。この技術について、以下でざっと説明していこう。

3　ゲノム編集の三世代

第一世代ZFN

ゲノム編集には、大別して第一世代、第二世代、第三世代と称される技術がある。

第一世代といわれるジンクフィンガーヌクレアーゼ(ZFN)は、1996年頃、その有用性が報告された。細菌に由来する*FokI*という制限酵素、すなわち「ハサミ」に、ハサミを特定のDNA配列に導く役割をもつ「ジンクフィンガードメイン」を結合させてできた人工制限酵素である。ZFNは、細胞の中に入ると、指定された標的配列を広大なゲノム中から探し出して結合し、DNAを切断することができる。

このしくみを、もう少しだけ詳しく説明しよう。ジンクフィンガードメインは、ゲノムの長大なDNA塩基配列の中で、任意のDNA塩基配列を認識するようにデザインすることができる。これを結合させた*FokI*は、二つで一対となってDNAの二重鎖を挟み込み、二本のDNAを両方とも切断してしまう(ダブルストランドブレイク、DSB、図3)。この様子から、ZFN

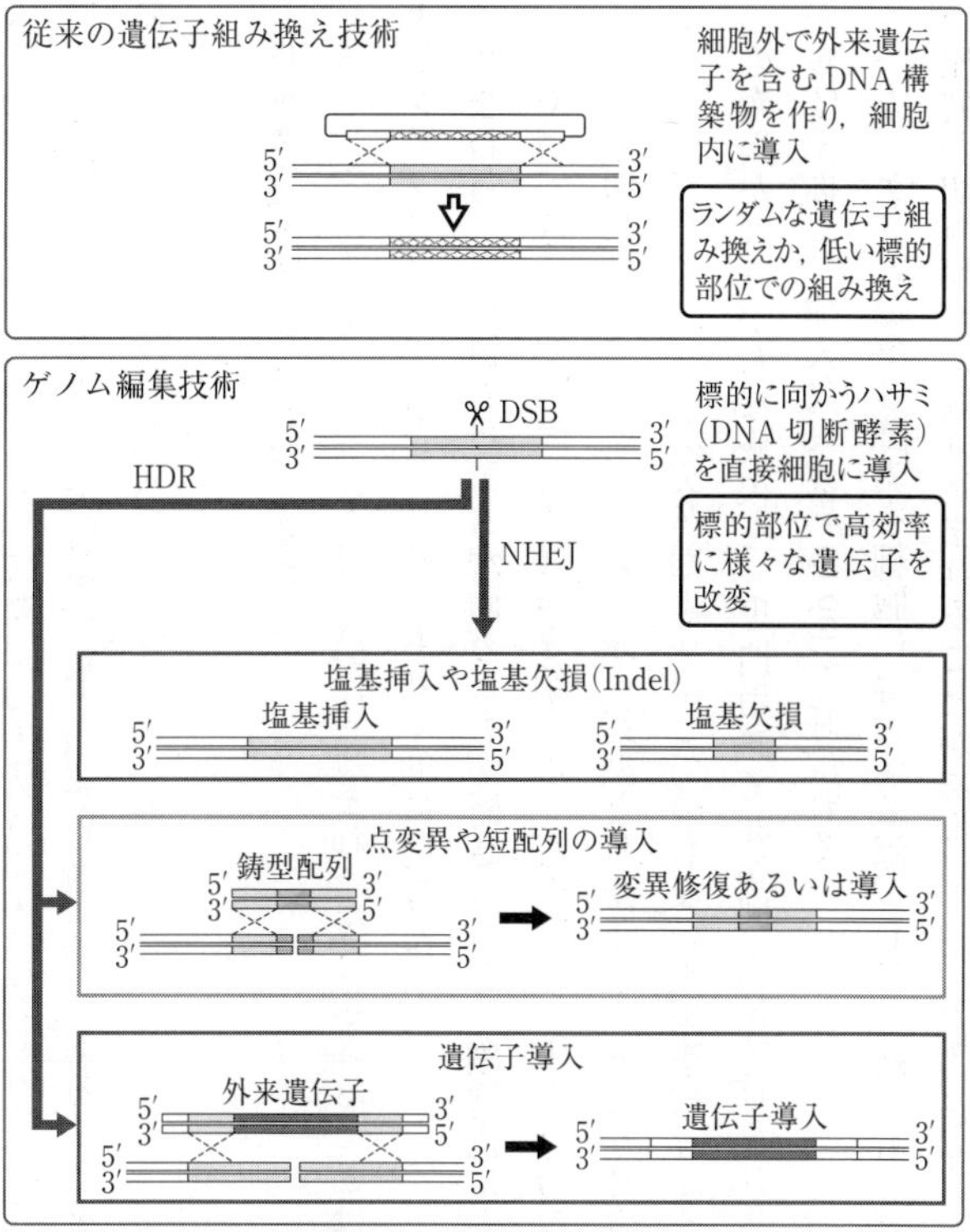

図3　ゲノム編集による遺伝子改変メカニズム

は「二つの刃で切るハサミ」のシンボルで表現されることも多い。

ただ、ZFNはタンパク質として作られることが多いため、設計された通りの立体構造にならずに、狙ったDNA塩基配列を認識できないことがある。それゆえ普通の研究室では手に負えず、業者に依頼して作製することが多かったのだが、その費用は1種類のZF

Nのカスタム製作では、かつて約２００万〜３００万円ほどにのぼった（現在は50万〜60万円程度）。普通の制限酵素の購入費用が数千円から数万円であることを考えると大変高価であり、研究室として一大決心が必要な外注であった。

DNAの切断後に何が起こるか

さて、「ハサミ」によってDNAが切断された後に起こることは、ZFNでも、後に述べるタレンやクリスパー・キャス９でも基本的に同様だ。

すなわち、二重鎖のDNAが両方とも切断されると、細胞内に元々あるDNA修復酵素が急いでやってきて、切断箇所の修復を始める。しかし、一本だけDNAが切れた場合と異なり、二本とも切れてしまうと、一方の鎖を鋳型とした正しい修復ができず、数塩基の変異が入りやすくなってしまう。人が突然起こったとてつもない出来事にうまく対処できないのと同じだ。この変異が入りがちな修復を、専門用語で非相同末端結合（ＮＨＥＪ、図３）、こうして起こる変異は総称して挿入欠失変異（Indel）と呼ばれる。

一方、ゲノム編集の酵素を細胞に導入する際、DNA断片も一緒に入れると、その断片がもつ配列が切断部位に取り込まれることがある。この現象を相同組換え修復（ＨＤＲ、図３）と呼ぶ。すなわちＨＤＲでは、導入した鋳型に従った修復を誘導させることができる。

遺伝子に変異がある場合は、正常な塩基配列を含む鋳型ＤＮＡを用いたＨＤＲによって、その変異を修復することもできる。また、正常型のゲノムＤＮＡの特定部位に、ＳＮＰや変異を導入することもできる。さらに、鋳型ＤＮＡとして、短い塩基配列ではなく、遺伝子を丸ごと使ってもよい。この場合、外来遺伝子が、ゲノム上の特定部位に入り込むことになる。

遺伝子組み換えでも外来遺伝子の導入はできたが、狙った部位に導入することは極めて難しかった。その点、ゲノム編集ならかなり高確率に、狙った部位への遺伝子導入ができる。例えば、ＺＦＮを使って、ヒトＥＳ細胞にすでに導入された遺伝子をＨＤＲで除去し、元の状態に修復する効率は０・２４％という報告もある。この数字は低いように感じられるかもしれないが、同時に行った比較実験では、ＺＦＮを使わずに従来の遺伝子組み換え技術を使った場合の効率は０・０００１％だったため、２４００倍も効率が向上したことになる。さらに、ＮＨＥＪによって挿入欠失変異を入れ、特定の遺伝子を破壊するだけであれば、数％〜数十％の高効率で実現できる。

ゲノム編集のＨＤＲで外来遺伝子を導入すると、遺伝子組み換えに似たことを起こすことができるが、標的配列での改変効率が大幅に向上している。ＨＤＲで遺伝子より短い鋳型ＤＮＡ

DNAを導入すると、点変異を入れたり、変異を修復したり、短い配列を導入することができる。外来来DNAを導入しないNHEJだと、様々な長さの挿入欠失変異を導入することができる。

第二世代タレン

ゲノム編集の第二世代と称されるタレン(転写活性化因子様エフェクターヌクレアーゼ、TALEN)は、2010年にその有用性が報告された。タレンは、「ハサミ」の部分に*FokI*を採用しているという意味で、ZFNと大筋の設計思想は同じだが、DNAを認識する部位としては、TALEという植物病原菌由来のタンパク質を用いている。タレンは、TALEのDNA結合部位を望みのDNA塩基配列に結合するように改造し、*FokI*に結合させたものなのだ。ZFNはジンクフィンガードメイン全体で塩基を認識するが、タレンではTALEの構造の一部が塩基と結合するため、立体構造の問題による誤認識が少ない。つまり、作製の試行錯誤が減ったのである。ここが第二世代といわれるゆえんである。

タレンの登場で、多くの研究室にとってゲノム編集は実験ツールとして検討に値するようになった。タレンの設計を外注で依頼する場合、現在のコストはZFNと同等かそれ以下だ。

第三世代クリスパー・キャス9

ゲノム編集が世界的に普及するようになったのは、第三世代のクリスパー・キャス9が遺伝子工学ツールとして非常に有用だと報告された2012〜13年以降である。この技術は、細菌などにもともと備わった獲得免疫のしくみを転用するものだ。

一部の細菌や、ほとんどの古細菌は、クリスパーと呼ばれる配列群をもつ。クリスパーとは、Clustered Regularly Interspaced Short Palindromic Repeats の略で、あえて日本語にすると、「規則的にスペーサーが配置された短回文繰り返し配列群」というところか。とてもわかりにくく見えるが、要するに24〜48塩基対の回文配列（〝たけやぶやけた〟のような配列）の後にスペーサーと呼ばれるつなぎの配列、またその後に回文配列、スペーサーと続く構造をもっているということだ。スペーサーには、以前、この細菌に侵入してきたウイルスのDNAの配列が記憶されている。この細菌にまた同じウイルスDNAが侵入すると、この配列を記憶したスペーサー配列から「クリスパーRNA」（crRNA）というRNAが転写され、さらにクリスパーRNAは別のタイプのRNA（トランス活性化型クリスパーRNA、tracrRNA）とくっついた後、「ハサミ」役（DNA切断酵素）のキャス9というタンパク質を侵入したウイルスDNAに導いて、そのDNAを切り刻むというわけだ（図4）。

クリスパーを最初に報告したのは、実は日本人だ。大阪大学の石野良純（現九州大学教授）らが1987年に報告した大腸菌の繰り返し配列がそれである。しかし当時は、この繰り返し配列の生物学的意味は不明であった。

その後、クリスパーはスペインやデンマークの研究者によって研究されていったが、これが極めて有効な遺伝子工学ツールになることが示されたのは2012年であった。クリスパーのメカニズムについて独立に研究していたウメオ大学（スウェーデン）のエマニュエル・シャルパンティエのグループと、カリフォルニア大学バークレー校のジェニファー・ダウドナのグループが共同研究を行い、論文をサイエンス誌に発表したのだ。

この欧州と米国の共同研究グループは、工夫をこらし、化膿性連鎖球菌のクリスパーを使い勝手の良いゲノム編集ツールとして提案している。クリスパーを遺伝子工学に応用するにはメカニズムが複雑で取り扱いにくいだろうと考え、先述の「crRNA」と「tracrRNA」の二つのRNA分子を、「ガイドRNA」とよばれる一つのRNAに集約したのだ（図4）。

つまり、クリスパー・キャス9を遺伝子工学ツールとして使う研究者は、編集したいゲノム中のDNA配列に合わせて、ガイドRNAだけを設計すればいい。ZFNやタレンの場合は、タンパク質として組み上げた形でうまくDNA切断できるか調べる必要があったが、クリスパ

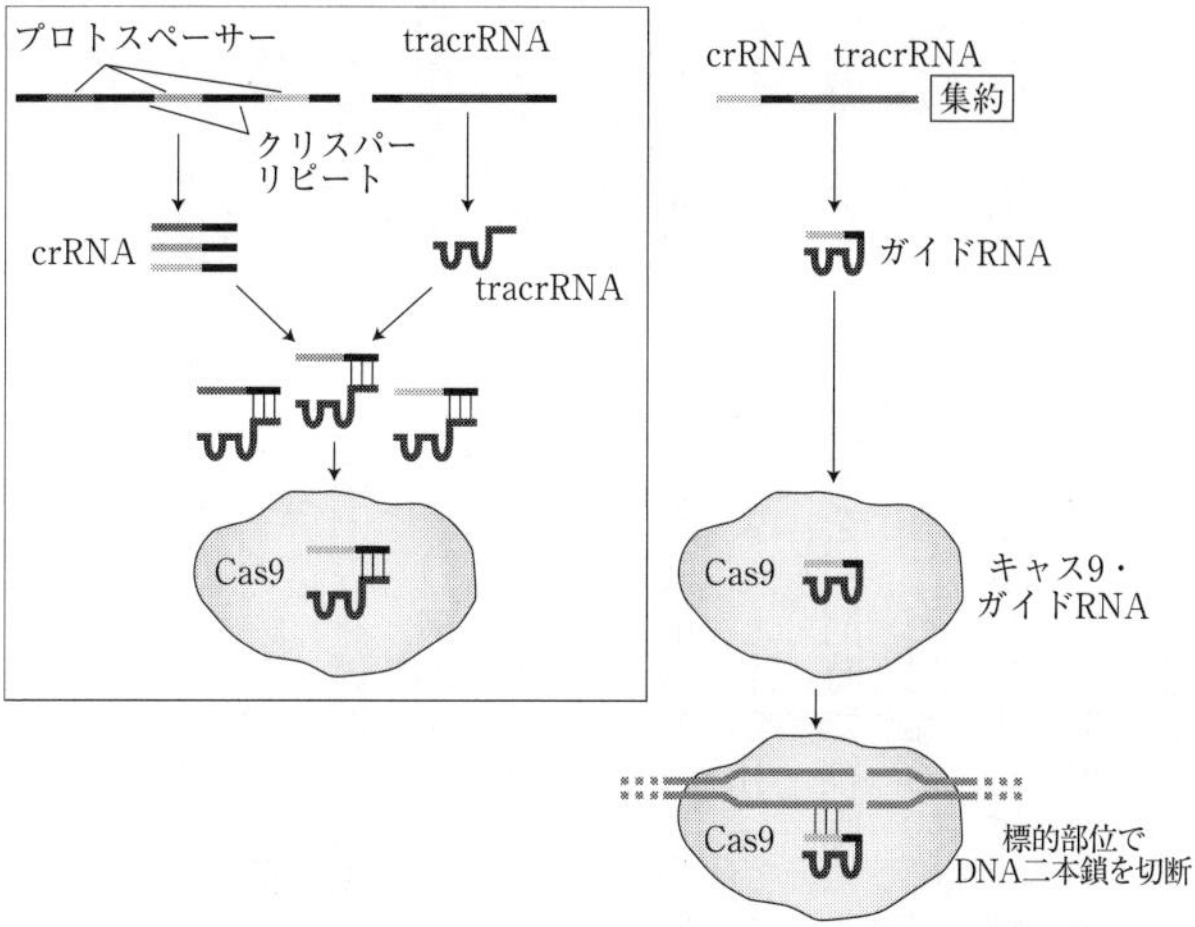

図4　自然型クリスパーと改変型クリスパー
ネイチャー誌掲載図を参考に作成

ー・キャス9の場合、ガイドＲＮＡだけ設計して、これを転写するＤＮＡとキャス9のＤＮＡを、プラスミドを用いて細胞に導入し、うまく目的の箇所が切断できるか試せばいいのである。

その後、米国は東海岸のブロード研究所の若手主任研究者であるフェン・チャンらのグループが、クリスパー・キャス9による遺伝子改変が極めて有効であることをマウスとヒトの細胞で実証し、サイエンス誌に報じた。同時に、ハーバード大学のジョージ・チャーチらも、ヒト細胞株でのクリスパー・キャス9による遺伝子改変の有用性を報告している。以後、ゲノム編集は、瞬く間に世界の研究室に普及していったのである。

クリスパー・キャス9の取り扱いはとても楽なため、研究者はアイデア通りの遺伝子改変ができるようになった。また、クリスパー・キャス9のプラスミドは、公的機関の研究者なら実費数万円で入手できる。プラスミドのガイドRNAの部分を標的とする遺伝子に結合するようにカスタマイズすれば、いろいろな実験に使える。プラスミドなので、少なくなってきたら大腸菌で増やせばいい。クリスパー・キャス9が瞬く間に数千もの研究室に普及したのも頷ける。

ZFNやタレンと比較したクリスパー・キャス9のもう一つの優位点は、同時に複数の遺伝子を編集すること(多重編集)が容易になったことである。

従来の遺伝子組み換え技術の場合、複数の遺伝子を改変したいときには、第一の組み換え体を達成した後、この組み換え体を用いて次の組み換えを実施していた。ゲノム編集の場合は、標的の異なる人工酵素を、同時に細胞に入れればよい。だが、ZFNやタレンは複数の人工酵素を作ってから導入することになるのに対し、クリスパー・キャス9はずっと楽だ。キャス9は共通なのだから、ガイドRNAだけ、標的の数にあわせて用意すればいい。

以上、ゲノム編集技術三世代を眺めてみたが、まだ技術的課題がいくつかある。

例えば、ゲノム編集で生じる改変体の中には、二倍体の生物の場合、2セットのゲノムの両方の遺伝子が改変されたものの他、片方の遺伝子のみが改変されたものも含まれるであろう。注意深く、目的の改変体を選び出す必要がある。

また、目的の遺伝子以外にも、標的配列に似た配列で、意図せずＤＮＡを切断し、変異を起こす恐れもある。こうしてひきおこされる変異を、オフターゲット変異という。もし、オフターゲット変異が標的外の遺伝子のエキソンでおきてしまえば、大変な結果をもたらす可能性がある。ゲノム編集が農業や医療に応用される際、これについてどのような注意が必要になるかは、次章以降で触れたい。

第2章　品種改良とゲノム編集

ゲノム編集の農業への応用に、大きな注目が集まっている。

作物や家畜の育種（品種改良）をめざすゲノム編集の研究では、外から遺伝子を組み込むのではなく、狙った遺伝子に変異を入れる手法が目立つ。なぜこのような手法が選ばれるのだろうか。また、そうしてつくられた作物や品種が、日本の食卓にのぼる日はくるのだろうか。遺伝子組み換え食品をめぐる論争を振り返りながら考える。

1　ゲノム編集作物と家畜の作り方

ゲノム編集作物が登場するまで

まずは作物（植物）を例に、従来の育種法から、ゲノム編集による育種へと至る流れをたどってみよう。

従来、農作物の育種は、交配を重ねつつ、突然変異が起きた品種を丹念に見つける方法が主であった。そうして得られた変異体をさらに交配させていく。日本では、縄文時代にはもっぱら野生の動植物を採取していたが、弥生時代（諸説あるが、紀元前3世紀中頃から紀元後3世紀中頃まで）になると、扱いやすい動植物を栽培・飼育するようになったとされる。しかし最近の学説では、弥生時代以前の少なくとも約３５００年前からすでに陸稲の栽培が行われ、縄文晩期には水稲も導入されていたと考えられている。いずれにせよ、交配を通じた農業は数千年に及ぶ歴史的背景があるのだ。

ずっと時代は下り、１９２０年代になって、作物を化学物質に曝露させれば突然変異が起きる頻度を高められることがわかり、１９５０年代以降には、化学物質のほか、ガンマ線などの放射線に作物を曝露させることで、突然変異の頻度を高めて育種を行う手法が世界的に広まっていった。このような、ゲノム上にランダムに変異をもたらす方法を用いた品種改良法（ランダム変異導入法）によって、世界でイネ、コムギ、ワタ、アブラナなど１７５種の作物で、少なくとも２５４３品種が開発された。日本では３００品種ほどが実用化され、黒斑病に対して抵抗性をもつナシ品種「ゴールド二十世紀」や、低アミロースを特徴とする「ミルキークイーン」といったイネ品種がよく知られる。

さらに１９８０年代以降には、植物細胞の培養中に突然変異が起こりやすいことを利用した品種改良法（培養突然変異法）が成果を挙げた。最近のいい例としては、北海道産の米「ゆめぴりか」がある。このイネ品種の父親系統は、元となる細胞の培養中に突然変異が起こることでうまれた「培養突然変異体」だ。ただし、ランダム変異導入法や培養突然変異法は、たとえ突然変異の発生頻度を上げても、変異体の発見から品種登録まで、10年以上を費やすことが普通だ。ランダムに生じる膨大な数の変異体から、人にとって有益な品種になりそうなものを見つけ出し、根気強く選抜と検証を重ねていくしかない。

これらの方法に比べると、1994年承認されたFlavr Savrトマト以降、実用化が進んでいる、遺伝子組み換え技術を使う育種方法はいくぶん効率がいい。有益な特性(形質という)をもたらすと見込まれる他生物の遺伝子を、交配ではなく、遺伝子工学の力を使って植物細胞に強制的に入れ込むのだ。植物細胞の中でその外来遺伝子が目論見通りタンパク質を作ってくれれば、狙った形質が植物体で現れる可能性がある。

しかし、遺伝子組み換えにおいては、外来遺伝子は植物ゲノムのどこに組み込まれるか予想がつかなかった。ゲノムの中で組み込まれた場所によっては、外来遺伝子からタンパク質が予定通り作られないことがある。また、外来遺伝子が挿入された場所がたまたま、植物細胞の生存にとって重要な遺伝子や、作物の大切な特性をつかさどる遺伝子であった場合、これらの遺伝子が壊れたりすることもある。さらには、外来遺伝子が植物ゲノムにいくつも入ってしまうと、それは植物細胞にとって大きなストレスとなりうる。そのため、遺伝子組み換えを使う品種改良であっても、たくさん生じる組み換え体を慎重に検査し、選抜することが必要だし、有望な組み換え体を見出すのには数年かかることもざらだ。

そこに、ゲノム編集という技術が登場したわけだ。ゲノム編集によって、様々な品種を生み出すことは劇的に容易になった。新たな品種を、数か月という短い期間でつくることも十分可能になったのである。

ゲノム編集による育種研究が可能になった背景には、昨今のゲノム情報の大幅な充実もある。近年、主要な動植物種ではゲノム解読が完了し、その塩基配列情報が公開されている。２００５年には、イネの品種「日本晴《にっぽんばれ》」の全塩基配列が発表された。また、ウシについては２０１１年に報告されている。こうした塩基配列情報を基に、作物や家畜の数々の遺伝子について、その機能の解明が急速に進み、今後の育種に有益な知見が蓄積されてきたのだ。つまり、ある作物や家畜の特性はどの遺伝子が決めているのか、またその遺伝子に変異が起きたらその特性がどう変わるかがわかってきたのである。

例えば、イネのOsBADH2という遺伝子からは、ある物質代謝に関わる酵素が作られる。タイ米にはジャスミンのような香りがする品種があるが、この品種では、OsBADH2に変異がある。変異によって酵素の働きが低下し、代謝経路で芳香物質がたまっていくため、特有の香りがするのだ。つまり、他の品種でも、ゲノム編集で OsBADH2 遺伝子に変異を導入すれば、ジャスミンのような香りのする新たな品種ができるだろう、という発想ができるようになったのである。

ゲノム編集作物の作り方

第1章で述べたように、ゲノム編集は、外来の遺伝子を狙った箇所に組み込むだけでなく、実に様々な遺伝子改変を可能にした。ただ、作物や家畜の品種改良の研究では、ゲノムの中の特定の遺伝子を狙って変異を入れ、破壊するアプローチ（NHEJ）を使うことが多い。NHEJにおいては、うまく条件を整えると、外来の遺伝子やDNAは全く導入されない。これは、狙った通りに突然変異を引き起こしているイメージだ。結果からみると、従来型育種と似ているが、効率が断然によい。

まずは植物（作物）について、ゲノム編集の一般的なやり方を、クリスパー・キャス9を例にとって説明しよう（図5）。

はじめに、論文報告などの情報をもとに、対象とする作物の、変化させたい特徴や性質をもたらす遺伝子を見定める。生物の特徴は複数の遺伝子で決められていることもあるが、たった

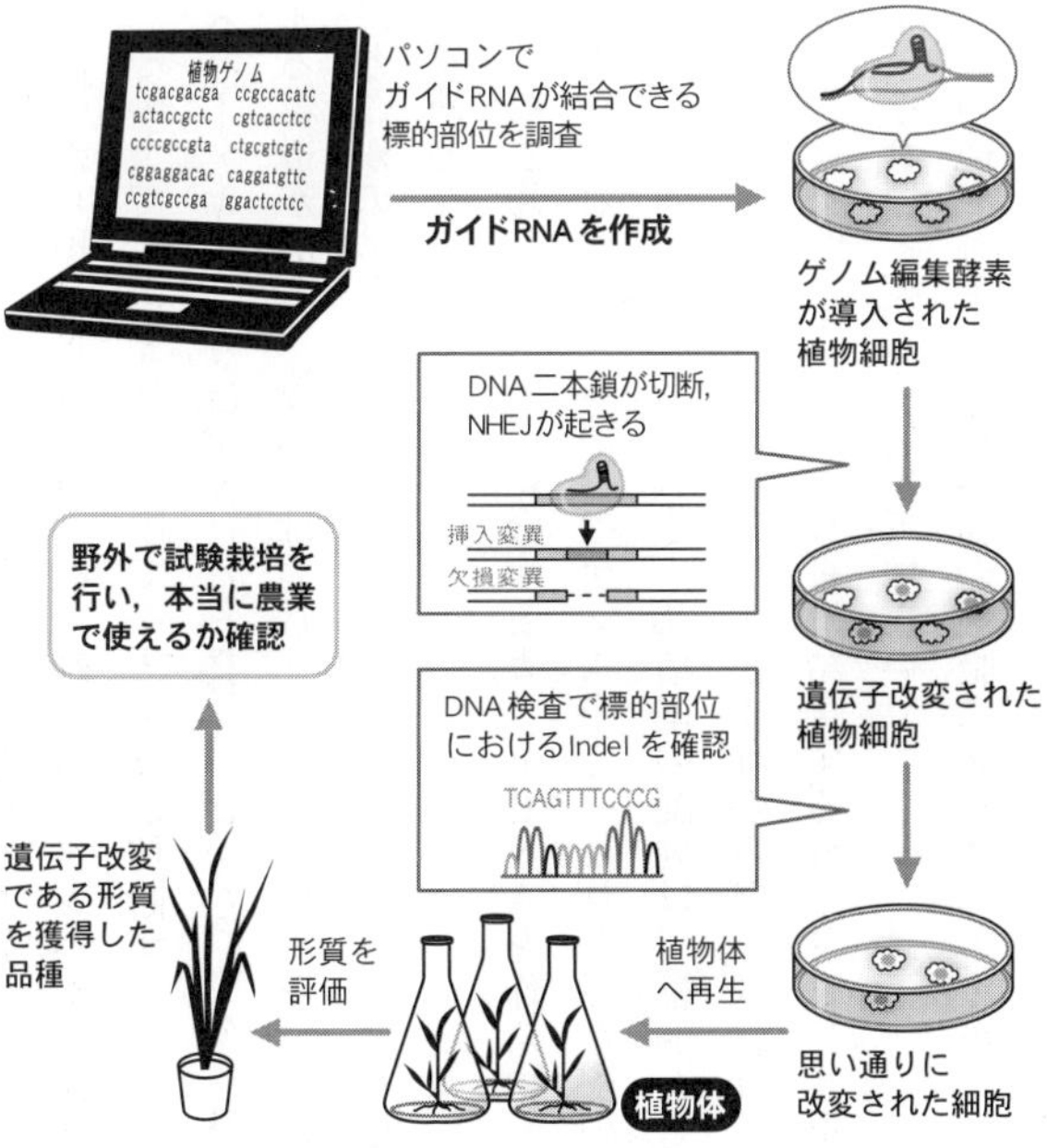

図５　クリスパー・キャス９を用いたゲノム編集作物の作り方（NHEJ による改変）．©川野郁代

一つの遺伝子がある特徴を決めている場合のほうが都合がよい。その遺伝子を改変するとしよう。

まずパソコンで、ある作物の全ゲノム情報を呼び出して、狙う遺伝子の配列を表示させ、ＮＨＥＪでどこに挿入欠失変異（Indel）を入れるか検討する。標的遺伝子のＤＮＡ鎖を二本とも切断し、変異を入れて遺伝子を破壊する、つまりその遺伝子から機能をもったタンパク質が作られないようにするには、遺伝子のエキソン部分を狙うのがいい。第１章で説明した通り、エキソンとは、タンパク質のアミノ酸配列を指定する部分だ。ここに変異を入れると多くの場合、遺伝子からmRNAが写し取られても、タンパク質がきちんと作られなくなる。

その上で、エキソンの中でキャス9が切断する部分をどこにするか、さらに検討する。クリスパー・キャス9は、NGG(NはA、G、C、Tのどれでもいい)配列の上流側20塩基を標的とする特徴がある。遺伝子は通常、いくつかのエキソンから構成されているため、NGGの配列はどこかのエキソンでいくつかみつかるだろう。この配列が、変異を入れる具体的な標的配列の候補となる。

この20塩基の配列に結合するガイドRNAを作るのだが、その前にもう少しパソコンで調べ仕事だ。対象とする植物のゲノム中で、これと似た配列がないか、念を入れて調べる。ほとんど同じ配列がある場合、その20塩基の配列は、標的としては不適当だ。というのも、標的でない場所も、キャス9が切断してしまうからだ。通常は、遺伝子の塩基配列から20塩基長の標的配列をいくつか選び、これらに結合するガイドRNAを複数作る。これは多くの研究室にとって、それほど難しい仕事ではない。

この後、対象とする作物の細胞にクリスパー・キャス9を導入する。よく使われる導入方法は、遺伝子組み換えでも使われてきた、アグロバクテリウムという細菌を使う方法だ。この細菌は、植物細胞に感染すると、自身の遺伝子を植物細胞のゲノムのどこかに導入する性質がある。キャス９とガイドＲＮＡを生み出すプラスミドをこの細菌に導入し、細菌を作物の細胞に感染させることで、これらを作物の細胞中に導入する。すると、ガイドＲＮＡが作物の細胞の中で作られて、キャス９を広大な植物ゲノム中の狙った遺伝子まで連れて行き、標的配列とＮＧＧ配列の間で、ＤＮＡ二本鎖をちょきんと切るわけだ。その後、ＤＮＡ切断部分を修復する過程で変異が導入される。

ここで、アグロバクテリウムを用いた方法でプラスミドの形態のゲノム編集酵素を植物細胞に導入すると、植物のゲノムにプラスミドが挿入されてしまうのではないかと疑問に思う人もいるだろう。確かに、ほとんどの作物ゲノム編集ではアグロバクテリウムを使っており、実際、そうして編集された植物のゲノムにプラスミドが入っていたことが確認された実験結果もある。これでは遺伝子組み換えになってしまう。しかし、ゲノム編集技術は進歩しており、プラスミドからキャス９をつくらせるのではなく、ガイドＲＮＡとタンパク質の形のキャス９を導入してゲノム編集することができるようになりつつある。この方法だと、外来のＤＮＡが植物ゲノムに取り込まれる恐れはない。

ゲノム編集をした細胞については、ゲノム中の目的の遺伝子に変異が入ったかどうか検査する。10の細胞株を探せば、少なくとも2、3株は目的の改変がされており、うまくいけばほとんどの細胞株で、狙った遺伝子に変異が入っている。そして、目的の箇所に変異が入った細胞株を、植物体に再生させる。植物細胞は動物細胞と異なり、高い再生力を持つので簡単だ。すでに分化を終えて葉などの細胞となっていても、ある植物ホルモンの存在下で培養すれば、未分化な状態の細胞(カルスという)に戻る。これを再び分化させて、植物体に育てることができる。植物細胞をカルスにしてからゲノム編集を行い、植物体に戻してもいい。

家畜のゲノム編集

動物は植物とちがい、体細胞から個体を再生することは簡単にはできない。体細胞からiPS細胞を作り、卵子や精子をつくる研究もあるが(第4章177頁コラム参照)、まだ技術的に難しい。それゆえ、ゲノム編集を使って家畜の品種を開発する場合、受精卵をゲノム編集することがほとんどだ。体外受精で作った受精卵に、細い針を使って、ゲノム編集酵素をつくりだすmRNAを注入することが多い。クリスパー・キャス9の場合は、キャス9のmRNAとガイドRNAを入れることになる。

受精卵の段階でうまく目的の遺伝子が改変されると、受精卵が分裂(卵割)してできた細胞も同じ変異を持っている。そうして数日にわたって胚を培養した後、メスの動物の子宮に移植する。うまく着床して出産に至ると、全身の細胞がゲノム編集された動物の仔が誕生するというわけだ。この方法は直接的で、簡単にゲノム編集動物を作れるが、デメリットもある。受精した直後の受精卵のゲノムは、それから卵割を進め、胚、胎児として発生することに備えてたくさんの遺伝子が動きだした、デリケートな状態だ。この時期に受精卵に注射することによる物理的負荷や、ゲノム編集の酵素がＤＮＡを切断する働きによって、一部の受精卵が死んでしまうことがあるのだ。

ゲノム編集による品種改良の現在

ゲノム編集を用いた品種改良の研究は現在、どこまで進んでいるのだろう。

先述のとおり、ゲノム編集による動植物の育種の研究を俯瞰すると、ほとんどがＮＨＥＪ、すなわち挿入欠失変異の導入による遺伝子の改変を行っている。例えばイネ、コムギ、トウモロコシやダイズなどの主要作物では、ある酵素の機能を意図的に失わせて栄養成分組成を変えたり、白葉枯病やうどん粉病の病原菌が感染・増殖に利用するタンパク質を破壊して、それらの病原菌への耐性を与えたりといった品種改良がなされている。「日本晴」で先述の

OsBADH2を破壊することにより、香る日本米も作られた(表1)。

また、ジャガイモでALSという遺伝子を破壊して、除草剤に対する耐性を付与した例もある。これはとても興味深い事例だ。遺伝子組み換えによって、除草剤耐性を与えられた作物品種の話を聞いたことがあるかもしれない。こうした品種では、微生物などに由来するアミノ酸関連の酵素を作る遺伝子がゲノム中に組み込まれており、アミノ酸の合成を阻害する除草剤がもし植物体内に吸収されても、アミノ酸を作り続けることができる。そのため、こうした遺伝子組み換え作物は、アミノ酸の合成を阻害するような除草剤をまいても生育できるのだ。ALSという酵素の遺伝子にたまたま変異がある作物は、ある種の除草剤に耐性を持つことが知られていたが、遺伝子組み換えで作物のゲノムにあるALSを狙って変異を入れるのは容易ではなかった。そこで、ジャガイモでALSを標的とするゲノム編集酵素を導入し、ALSを破壊することで、この除草剤耐性を再現したのだ。外来遺伝子を導入しなくても、作物に除草剤耐性を与えることができることを示したことになる。

家畜では、ウシ、ブタ、ヒツジ、ヤギなどについて、1頭あたりの肉の収量増を目的として、筋肉形成の抑制因子ミオスタチンのMSTN遺伝子を破壊する事例が目立つ(表2)。読者の中には、NHKの報道で、MSTNが破壊されたことで、体軀が大きくなった養殖魚の映像を覚

表1　作物のゲノム編集事例

作物	標的遺伝子	ゲノム編集	変異導入効率	オフターゲット変異	期待される形質	論文
イネ	Lox3	タレン	29-45%	評価せず	種子貯蔵性の向上	Ma ら, 2015 年
イネ	OsBADH2	タレン	13-78%	なし	芳香物質の生産	Shan ら, 2015 年
コムギ	TaMLO	タレン	4%	評価せず	うどんこ病耐性	Wang ら, 2014 年
ダイズ	FAD2	タレン	34-67%	評価せず	オレイン酸増加とリノール酸減少	Haun ら, 2014 年
トウモロコシ	ZmIPK1	ZFN	3-22%	なし	除草剤遺伝子 PAT 導入	Shukla ら, 2009 年
ジャガイモ	ALS	クリスパー・キャス9	3-60%	あり	除草剤耐性	Butler ら, 2015 年
トマト	RIN	クリスパー・キャス9	67%	評価せず	果実の登熟抑制	Ito ら, 2015 年

＊トウモロコシのみ HDR での外来遺伝子の導入で，あとの研究報告は NHEJ による Indel 変異の誘導

えている方もいるだろう。

従来から、ウシなどを繁殖中に、たまたまＭＳＴＮに変異が生じると、ダブルマッスルと呼ばれるくらい筋肉隆々となることが知られていた。ユーチューブで Belgian Blue Bull と入力して、その姿を見てみよう。とてつもない筋肉のつき方をしており、驚くはずだ。黒毛和牛でも、こうした変異体がときたま生まれることがある。こうした変異体を、ゲノム編集により再現するのだ。

ブタ生殖および呼吸症候群（ＰＲＲＳ）のブタへの感染を予防するため、原因となるウイルスがブタの体内で増殖に利用するタンパク質の遺伝子を破壊し、実際にウイルス感染への耐性を与えることができたという報告もあ

表2　家畜のゲノム編集事例

動物	標的遺伝子	ゲノム編集	変異導入効率	オフターゲット変異	期待される形質	論文
ウシ	MSTN	タレン	19%	評価せず	筋肉肥大	Proudfoot ら，2015年
ブタ	CD163	クリスパー・キャス9	7%	評価せず	PRRS ウイルス抵抗性	Whitworth ら，2016年
ブタ	MSTN	クリスパー・キャス9	20%	なし	筋肉肥大	Tanihara ら，2016年
ヒツジ	MSTN, ASIP, BCO2	クリスパー・キャス9	6%(3遺伝子全て破壊)	なし	筋肉肥大，毛色変化，脂肪増加	Wang ら，2016年
ヤギ	MSTN, FGF5	クリスパー・キャス9	13%(2遺伝子とも破壊)	あり	筋肉肥大，脱毛抑制	Wang ら，2015年
ウシ*	POLLED	タレン	7%	なし	角無し	Carlson ら，2016年

*線維芽細胞でHDRによりアンガス種のPOLLED変異を導入後，核移植によるクローニングで個体作製．あとの報告は全てNHEJによるIndel変異の誘導

る。この感染症には有効なワクチンがなく、畜舎で発生したらたくさんのブタが殺処分されることになる。ゲノム編集によって、将来、PRRSが流行したとき、ブタがそのような悲劇的運命をたどることを未然に防げるかもしれない。

ウシについては、角が成長しないアンガス種のPOLLED変異をHDRによって導入し、通常は角があるホルスタイン種から、角がない個体が作られた例もある。生産者はホルスタイン種の飼養において、通常、他の動物や飼養者がケガをしないよう角を切り落としている。角切りの作業は飼養者にとって大きな負担であるほか、ウシに大きな苦痛を与えるので、この研究は、角切りの手間や動物

愛護を考えて行ったものであると、論文では説明された。

このような研究成果が瞬く間に発表されていく様子をみると、ゲノム編集は今後の農業において、技術革新の大きな柱の一つとなりそうだと感じる。

2　遺伝子組み換えをめぐる果てなき論争

このように、作物や家畜の品種改良において大きな可能性をもつゲノム編集は、今後の農業にとっては福音のようにも思えるが、かつては遺伝子組み換え技術も、そうして鳴り物入りで登場したはずだった。しかし、遺伝子組み換え技術を使った作物をめぐっては、多くの国で未だに論争が続いている。

ゲノム編集の農業への応用は進むだろうか。これを考えるべく、まずは「先輩」にあたる遺伝子組み換え技術の農業応用を振り返ってみよう。

繰り返しになるが、遺伝子組み換えは、微生物など別の生物種の遺伝子を組み込み、作物や家畜に新しい形質を付与することを可能にした技術だ。交配による伝統的な育種法やランダム変異導入法と異なり、いわば種の障壁を越える技術といえる。

いわゆる「遺伝子組み換え作物」として世界で初めて公的に承認された、Flavr Savrと呼ばれる、日持ち向上を謳ったトマト品種は、1994年、米国の食品医薬品局（FDA）が食用として安全と結論し、販売された。ただしこのトマトは結局、ビジネスとしては失敗に終わっている。

それから20年以上を経た今日、遺伝子組み換えによってつくられたダイズ、トウモロコシ、ワタ、ナタネなどは、28か国で商業栽培されるに至っている（2016年時点）。これらの多くは、除草剤への耐性や、害虫に対する抵抗性が付与された品種だ。遺伝子組み換え作物の商業目的の栽培は、この20年で、世界196か国の7分の1に広がりを見せたということになる。

一方で、本来その作物にない様々な機能を持つ外来遺伝子を導入することにより、食品としての安全性や環境への悪影響が懸念されることから、遺伝子組み換え作物は規制の対象ともなっている。要するに、遺伝子組み換え技術は、注意深く農業に取り入れられつつある、ということができるだろう。現在、商業栽培されている遺伝子組み換え作物はダイズ、トウモロコシ、ナタネなどが多く、欧米の主食であるパンの原料となるコムギや、アジアでの主食であるご飯、つまりイネは含まれていない。このことからも、この技術は段階的に導入されていると理解できる。こうした新しい育種技術は、生態系への影響や食品安全性を評価し、問題がないと判断された場合、商業栽培が許可される。

動物・植物を問わず、遺伝子組み換えがなされた生物の代表的な規制に、カルタヘナ議定書がある。２０００年に生物多様性条約特別締約国会議が採択した国際条約であるカルタヘナ議定書は、遺伝子組み換え生物の無秩序な利用が野生動植物の急激な減少などを引き起こし、生物の多様性に影響を与える可能性や、人の健康に与える危険性を考え、遺伝子組み換え生物の取り扱い、輸送および利用について取り決めている。なお、議定書において遺伝子組み換え生物は「生きている改変生物」(living modified organisms)、すなわち、現代のバイオテクノロジーの利用によって得られる、遺伝物質の新たな組合せを有する生物と定義されている。

遺伝子組み換え作物の作付面積が大きい米国、アルゼンチン、カナダなどの国はカルタヘナ議定書を批准していないが、日本、中国、ＥＵ、ニュージーランドなど、１７０ほどの国および地域が批准している。批准国・地域では、カルタヘナ議定書に則り規制を設けているが、規制の厳しさは国・地域によって異なる。

議定書を批准しているか否かに関わらず、遺伝子組み換え技術の規制は、最終産物に注目してリスク評価を行う「プロダクトベース」の規制と、開発の全過程にわたってリスク評価を行う「プロセスベース」の規制に大別される。リスク評価の観点から直観的にも予想できるよう

表3　遺伝子組み換え作物の作付面積上位10か国および日本の遺伝子組み換え技術の規制コンセプト

国	2015年商業作付（百万ヘクタール）	規制コンセプト
アメリカ	70.9	プロダクトベース
ブラジル	44.2	プロセスベース
アルゼンチン	24.5	プロダクトベース
インド	11.6	プロセスベース
カナダ	11	プロダクトベース
中　国	3.7	プロセスベース
パラグアイ	3.6	判断不可
パキスタン	2.9	プロセスベース
南アフリカ	2.3	プロセスベース
ウルグアイ	1.4	プロダクトベース
日　本	栽培なし	プロダクトベース

出典：Ishii, T., Araki, M. 2017.

に、一般的には、プロダクトベースの規制の方がゆるい、すなわち、遺伝子組み換え作物の開発はしやすいとされている。

とはいえ、遺伝子組み換え作物を広く栽培している国ではプロダクトベースの規制を採用しているかというと、そういうわけでもないようだ。遺伝子組み換え作物の作付面積上位10位以内の国をみると、そのうち約半数はプロセスベースの規制をとっている（表3）。日本はプロダクトベースの規制であるとされているが、遺伝子組み換え作物の商業栽培は、現在、花卉を除いて行われていない。

一方、食用を目的とする遺伝子組み換え動物に関しては、世界を見渡しても、規制当局より承認された事例はこれまでほとんどない。

世界的な受け入れ状況

遺伝子組み換え作物の商業栽培は、28か国にもわたって行われていると述べた。では、遺伝子組み換え作物は、世界的にみて歓迎されているといえるだろうか。

遺伝子組み換え作物の作付面積が広い地域は、北米、ついで南米であり、合わせると遺伝子組み換えダイズについては世界の作付面積の半分以上を占める(表3)。しかし、これらの栽培国でも、依然として根強い反対運動がある。そのルーツは、多国籍種苗会社による、除草剤に耐性をもつ遺伝子組み換え作物を除草剤と抱き合わせて販売する手法にあるとされている。こうした遺伝子組み換え作物は、一部の大規模生産者(例えばイネの場合、米国の一農家の収穫面積は日本の数十~数百倍にもなる)には、生産効率の向上の一手段として受け入れられた。一方で、他の生産者や消費者の中からは、それらの種苗会社が枯葉剤の生産を手掛けてきたという歴史、遺伝子組み換え種子が種子マーケットを支配する恐れ、除草剤の散布拡大に対する懸念や、それにともなう有機農法への悪影響への懸念、外来の遺伝子を導入していることからくる安全性や環境影響への懸念、従来の育種法では起こり得ない、種の壁を乗り越えた遺伝子の導入など、様々な理由から反対の声が起きた。

そして現在、米国において最も大きな問題は、遺伝子組み換えの表示制度だ。遺伝子組み換えと納得して食品を買う、あるいは遺伝子組み換えだから買わないという、食の選択の自由を求める声が、これまでになく大きくなっている。米国は遺伝子組み換え作物の発祥の地でもあるが、長らく、遺伝子組み換えの表示制度がなかったのである。

２００５年以降、アラスカ州を始めいくつかの州で表示を義務づける州法が成立したが、食品会社が起こした裁判沙汰の後、表示義務化を巡る論争の舞台は連邦議会に移った。そして２０１６年、州ごとのルールではなく国としてのルールに従った表示を義務づける「安全正確食品表示法」が連邦法として成立した。ただしこの法律については、「実際には表示を隠す法律だ」と非難する声が少なからずある。このように、栽培面積が大きい米国でさえ、未だに議会を巻き込むほど、遺伝子組み換えに対して反対する人々の声は強いのだ。

日本における議論の経緯

それでは、日本においては、遺伝子組み換え作物をめぐってどのような議論がなされてきたのだろうか。

米国で世界初の遺伝子組み換え作物が承認された直後の１９９６年、旧厚生省が、「組換えＤＮＡ技術応用食品・食品添加物の安全性評価指針」に基づき、組み換え種子植物の安全性を確認した。以後、国内において、輸入された組み換え作物由来食品の流通が始まったことを契機に、議論が活発になっていく。なぜなら、当時は遺伝子組み換えの表示制度がなかったからだ。食品安全性や生態系への影響への懸念、多国籍企業により種子マーケットが支配されるという懸念、そして生命倫理的な懸念から、消費者サイドの団体によって、遺伝子組み換えの表示制度を求める動きが立ち上がっていった。

２００１年の食品衛生法改正によって、遺伝子組み換え食品の安全性審査が義務化され、現在は、食品安全基本法の規制を受けながら、内閣府食品安全委員会の意見も聴取したうえで安全性が確認されることとなっている。安全性が確認されたものについては、ＪＡＳ法と食品衛生法に基づいた表示をすることが、２００１年に義務化された。しかし、この表示ルールについては、「消費者にとって十分な情報を与えるものではない」と主張する市民グループもある。

一方、遺伝子組み換え作物の栽培の規制については、日本がカルタヘナ議定書を締結した２００３年に「遺伝子組換え生物等の使用等の規制による生物の多様性の確保に関する法律（カルタヘナ法）」が公布され、翌年に施行された。以後、隔離ほ場での遺伝子組み換え作物の栽培試験は41件実施されている（２０１７年1月23日時点）。一方、かつて北海道の大規模農家の一部で、遺伝子組み換えダイズを栽培しようという動きはあったようだが、国内では先述のように、花卉を除いて商業栽培されたことはない（表3）。日本は山間部が多く、一般的な生産者の耕作面積はそれほど広くないため、これまでの遺伝子組み換え作物においてセールスポイントとされてきたような除草剤耐性へのニーズがなかったことが、その一つの要因であろう。また生産者は、消費者の動向にも注意を払っていたはずだ。

承認されても、栽培されない

日本では、主に多国籍種苗会社の日本法人が、遺伝子組み換え作物の日本への輸入や、日本での栽培の許可を得るための申請をしている。農林水産省のデータによると、食用、飼料用、観賞用の遺伝子組み換え作物の承認数は、既に１６８作物に上っている（２０１７年1月23日時点）。主なものは、トウモロコシ、ワタ、ダイズ、ナタネだ。しかし、イネでの承認は食用・飼料用ともになく、種苗会社はあえて、日本人の主食の一つであるコメを回避しているのかもしれない。また、欧米の主食であるパンの原料となりえる遺伝子組み換えコムギについても、実用のものはない。

１６８作物のうち、輸入・栽培いずれについても承認されているものは１２５作物となっている。国が「栽培しても問題ない」と判断しているにもかかわらず、生産者は栽培しないのだ。

大量の輸入

一方で、日本は遺伝子組み換え作物の輸入大国の一つとなっている。2016年財務省貿易統計によると、遺伝子組み換え・非遺伝子組み換えを含む輸入量は、トウモロコシで1534・1万トン、ダイズ313・1万トン、ナタネ236・6万トンだ。トウモロコシを日本に輸出する首位国は米国（シェア74・5％）、同様にダイズやナタネを日本に輸出する首位国はそれぞれ米国（シェア71・5％）、カナダ（シェア95・1％）だ。米国での遺伝子組み換えトウモロコシとダイズの栽培率はそれぞれ92％、94％で、カナダでの遺伝子組み換えナタネ栽培率は93％であることをふまえると、2016年時点での、これら遺伝子組み換え作物の日本への合計輸入量は、少なく見積もっても約1471万トンと推定される。膨大な量の遺伝子組み換え作物が輸入されているのだ。スーパーで味噌や豆腐、コーンスナック菓子などを買うとき、「遺伝子組み換えでない」という表示の商品を選んで買っている人がいるが、食品輸入量から考えると、程度の差こそあれ、日本人は遺伝子組み換え作物由来の食品を相当食べているはずなのだ。

日本ではなぜ歓迎されないか

にもかかわらず、遺伝子組み換え作物は、日本の食卓では歓迎されているとはいいがたい。これはなぜなのだろうか。

まず、多くの人々は、遺伝子組み換え作物を原料にした食品の安全性について非常に心配している。2007年、大阪学院大学の田中豊教授によって報告された日本版総合社会調査では、「遺伝子組み換え食品を食べてもよいですか」という問いに対して、39%の人が「そう思わない」、17%近くの人が「どちらかというとそう思わない」と回答している。約6割の人が、食べたいとは思っていないのだ。一方、「どちらともいえない」は22%、「どちらかというとそう思う」と「そう思う」を合計すると11%だった。態度保留の人が約2割いることも興味深い。

2008年には内閣府が、様々な人々における遺伝子組み換え技術に関する意識調査の結果を発表した。中学校や高校の教員4080人に聞いたところ、75%は遺伝子組み換え技術や食品について教えたことがあると回答したが、遺伝子組み換え作物・食品の安全性については、59・6%が「どちらかといえば危険」、次いで、24・4%が「どちらかといえば安全」と回答している。教員には、遺伝子組み換え作物はやや危険とみなす傾向があるようだ。一方、教える上で困っていることとしては、「安全性評価の根拠がわかりにくい」という回答が多い（54・9

%)。教える上での知識については、遺伝子組み換え作物に付与された性質としての、「病虫害に強く農薬散布が少なくて済む」ことに対する認知度は47%であった。認知度が低い原因としては、知識を得るための信頼できる情報源が少ないことも挙げられている。

同調査は、研究者２４４人にも意識を聞いている。その結果、社会に「あまり受容されていない」が64%、「全く受容されていない」が33%となっており、研究者は厳しい現実を直視していることがわかる。そのうえで、研究者らは国に「遺伝子組み換え作物の国民理解を促進せよ」などといくつかの事項について要求している。最も多いのは遺伝子組み換え作物の有用性の国民理解の促進(68・6%)で、ついで安全性の確保について国が取り組んでいることの周知徹底(44・6%)となっている。ただ、要望された国の取り組みには研究者らの一層の協力も必要だろう。さらに、メディア関係者36人に対して国への要望について尋ねたところ、「安全性に関する国の明確な方針」が59%と最も多かった。

この調査からは、学校教育の現場で遺伝子組み換え作物についてどう教えていいか困っている教員の姿が浮かぶ一方、研究者やメディア関係者は国に対応を求めていることがわかる。国はこれまで、ひどい遅延はせずに必要な法規制を設けて対応してきたようにもみえるが、一般の人々がどうして遺伝子組み換え作物や加工食品を食べようとしないのか、よく考えてこなかったのではないか。

表示制度への不信

日本において遺伝子組み換え作物は栽培されず、輸入・消費されているだけの状況を考えると、人々が抱く疑念の中で大きなものの一つには、表示制度への不信があると考えられる。

いまだに食用の遺伝子組み換え作物の商業栽培が行われていないものの、輸入された加工食品は食べているという奇妙な状況下の日本では、遺伝子組み換え作物を用いた加工食品であっても、組み換えられたDNAやその産物であるタンパク質が食品中に（検出可能なレベルで）残存していればその旨表示することが義務づけられているが、油、醤油、液糖など、（検出可能なレベルで）残存していないものには表示義務がない。さらに、上位3番目以内の原材料で、かつ全重量の5％以上を占めるものにしか表示義務はない。つまり、上位4番目以下か、あるいは全重量の5％未満であれば、「意図せぬ混入」であるとして表示義務がないのだ。

他の国・地域の状況をみると、EUでは混入による表示免除の基準が0・9％以下となっているほか、表示義務を課しているブラジル、中国、オーストラリア、南アフリカ、ニュージーランドも、「1％までは（表示義務を）免除」としている。この大きな違いが、「なぜ日本は5％

未満なのか」と、日本国内の人々が疑念を募らせる要因にもなっている。確かに、世界的にみても際立った数字だ。ネイチャーバイオテクノロジー誌の２０１４年12月号で、編集長は「5％未満なら表示免除とする日本をみよ！　つまり、５％未満なら遺伝子組み換えＯＫで、消費者の知る権利などそんなものだ。結局、表示制度は、食品会社に対応コストを強いるもので、そのコストは商品代に上乗せされ、ひいては消費者が払うはめになる」と述べている。このように日本の表示制度は、遺伝子組み換え表示義務制度そのものが無用だとする言説の、格好の材料となっている。

国としては、遺伝子組み換え作物由来の食品の安全性を心配している国民の心情を配慮して、一部の食品は表示義務を課しているのだろう。しかしその一方で、日本の食料自給率の低さ(平成27年度で39％)も考え、原料中で遺伝子組み換え作物の痕跡がない、あるいは目立たない加工食品には表示を義務づけず、知らぬ間に消費してもらえるようにしているのだろうか。日本の市民団体がしばしば表示の徹底を要求している背景には国の姿勢のこうした曖昧さがある。

拡散の危険性

遺伝子組み換え作物への懸念は、食品としての安全性だけではない。遺伝子組み換え作物が耕作され、他の植物と交雑した場合、外来遺伝子が生態系へと種をまたいで拡散し、生物多様性へ影響するのではないか、という懸念もある。2003年に公布されたカルタヘナ法も、この対策の必要性からつくられたものである。

実際のところ、遺伝子組み換え作物に由来する外来遺伝子の拡散は、日本を含めて世界各地で起きている。

デュースブルク＝エッセン大学(ドイツ)のゲハルト・リフェル教授が発表した論文では、拡散事案を三つに分類している。一つ目は、遺伝子組み換え作物が耕作されていない日本やスイスで、遺伝子組み換えナタネが自生していたケースだ。日本の場合、港湾地域で、荷揚げされて輸送中の除草剤耐性の組み換えナタネの種子がこぼれ落ち、近くの道路沿いで自生していた例が多い。二つ目の拡散タイプは、遺伝子組み換え作物が他の植物と交配することで、外来遺伝子の拡散が起きたケースだ。例えば、非遺伝子組み換えのトウモロコシ、ダイズおよびナタネが害虫抵抗性や除草剤耐性を獲得した例(日本、カナダ、米国、メキシコ)、野生ワタなどが害虫抵抗性遺伝子を持った例(メキシコ、米国)や、遺伝子組み換えアブラナと非遺伝子組み換えカブ(アブラナ属)の間で交雑体ができた例(日本、カナダ、米国)などがある。三つ目は、二つ目の拡散で生まれた植物がさらに交雑したと考えられるケースである。例えば、2種類の外来遺伝子を獲得し、二つの異なる除草剤への耐性を得たアブラナなどの出現だ(日本、カナダ)。最後のアブラナのケースは、日本で2例の報告がある。

日本では遺伝子組み換え作物は栽培されていないが、輸入量が膨大なため、現実には、様々な外来遺伝子の拡散の問題が起きているのである。国はこの問題を把握しており、農林水産省は毎年15の港湾地域を中心に実態調査をおこない、環境省も影響の監視を続けている。国は現在、「こぼれ落ちなどにより生育しても、生物多様性への影響はない」というスタンスをとっているが、北海道が開催した遺伝子組み換え作物の条例に関する農業関係の会議で、私は「苫小牧港での遺伝子組み換えナタネの自生は、生産物への混入、ひいては風評被害につながるのではないか」と懸念する生産者の意見を聴いたことがある。

種苗会社への不信

遺伝子組み換え作物に対するその他の懸念としては、作物そのものの問題ではないが、除草剤に耐性をもつ作物ができることで、除草剤の散布が助長されてしまうという懸念もある。さらには、そうした農薬と遺伝子組み換え作物の種子を抱き合わせで販売する種苗会社への不信なども根強くある。そして先述のように、それら企業の一部がかつてベトナム戦争で散布された枯葉剤を製造したことも、そうした不信の背景にあるようにみえる。

従来型の育種法による作物と異なり、遺伝子組み換え作物に対しては、カルタヘナ法のような規制を設けている国が多くあり、申請および承認には多くのコストと時間がかかる。本格的に開発する遺伝子組み換え作物品種が得られた後、規制当局の承認を得るためには、10年ものの年月と、20億〜30億円以上ものコストがかかるといわれている。そのため、遺伝子組み換え作物の種子を開発し、実際に販売できるのは、大企業、特に多国籍企業に限られている。このような商品を販売する企業は、伝統的な育種法や有機農法を大切にしている人々にとっては、明確な「敵」に映るだろう。他のいくつかの国と同様、日本でも、市民グループがその企業の近くをデモ行進する様がみられる。

対話による理解の欠如

日本において遺伝子組み換え作物が人々に歓迎されない要因としては、一般の人々の遺伝子組み換えに関する科学的理解や知識の問題もある。

たくさんの論文や本、新聞、インターネットなどを通じて紹介される、遺伝子組み換え作物のリスクをめぐる見解について、どれがおよそ確からしいのか、一般の人々が判断するのは難しい。論文が間違った結論を示していることもあるし、インターネット上の情報でも、バランスよく正確な情報を伝えている場合もある。また、「遺伝子組み換え技術を利用して作られた医薬品(第1章のインスリン参照)は臨床試験を経て販売されているのに、遺伝子組み換え食品は動物給餌試験を経ただけで店頭に並ぶなんてとんでもない」という人もいる。

「遺伝子」と一言でいっても、どの程度厳格な試験をすべきかは、それがどのような機能をもつタンパク質をつくる遺伝子なのか、その用途はなにかによって変わってくる。

遺伝子組み換え作物でも、その産物に医薬品としての効能を期待するのであれば(例えば現在、遺伝子組み換え技術を用いた低アレルゲン米が開発中だ)、のちに臨床試験が必要だろう。

一方で、遺伝子組み換え作物の用途が食品である場合、その想定しうるリスクの程度に応じた安全性試験を経ているならば、問題はないと考えられる。ただし、安全性が確かめられているといっても、こと自分の、あるいは家族のリスクにかかわる話とあっては、人々は一回の説明では納得しないだろう。人は一般に、食べた経験のあるもの以外は受け入れがたいものである。であるからこそ、なんども丁寧に説明をおこない、納得のいくまで質問する双方向的な対話が重要なのだが、日本ではこれがうまくいっていない。

対話の機会は少ないが、ないわけではない。ただ、機会があっても、一方的な講演で終わっ

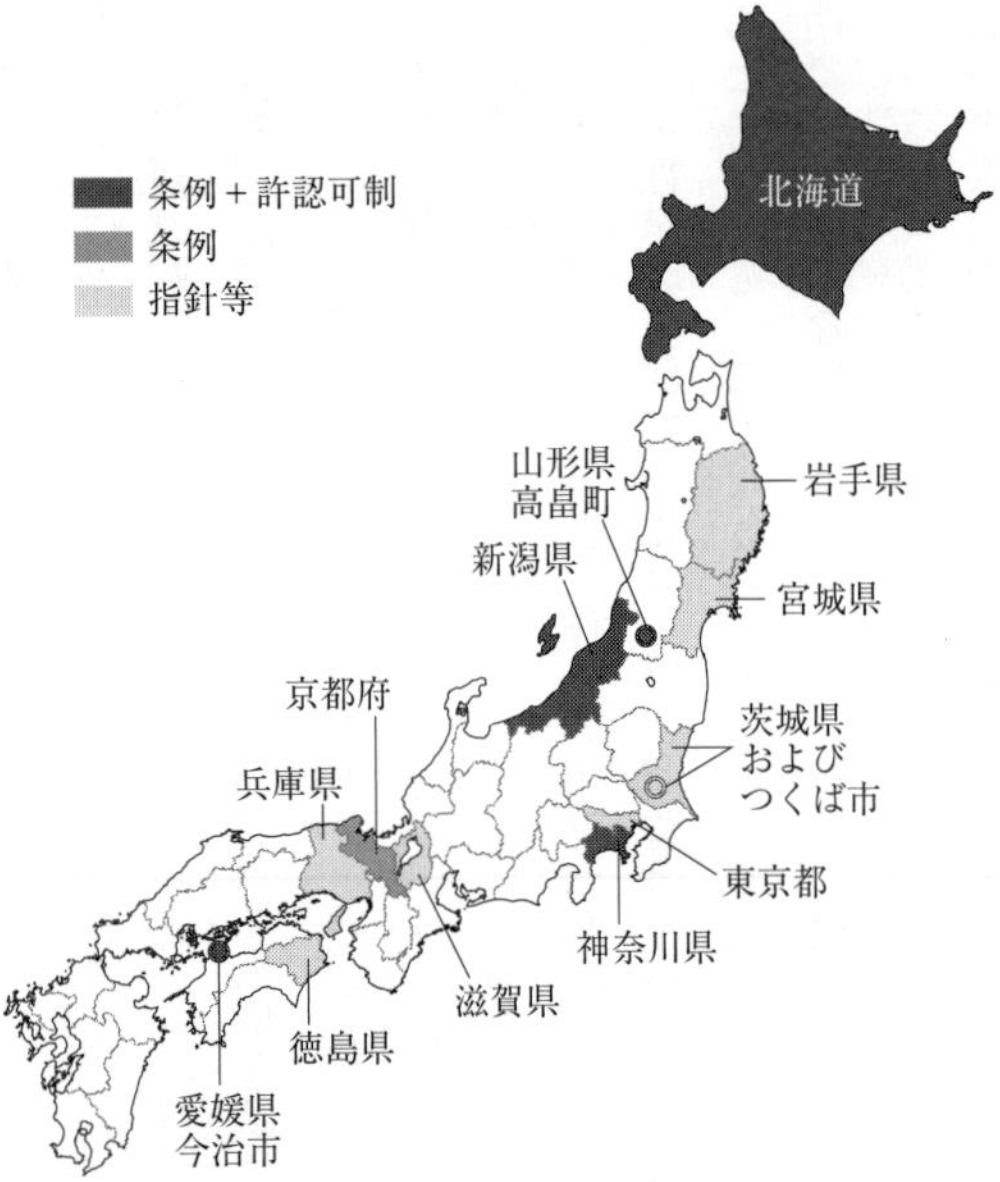

図6　遺伝子組み換え作物に対する独自規制を設けている自治体　平成26年度第二回北海道食の安全・安心委員会専門部会「遺伝子組換え作物交雑等防止部会」資料をもとに作成

ていたり、バランスのよいリスクと利益の説明があまりされていなかったりする。

さらに、いわゆる「ゼロリスク志向」も、対話の進展を妨げているように思う。遺伝子組み換え作物と一般の人のゼロリスク志向はたびたび話題にのぼり、例えば滋賀県での関連指針(図6)の検討過程でも指摘された。リスクはゼロということにならず、状況によっても変わり得る。普段口にしている食品にも一定のリスクがある。イモ掘りの後、ジャガイモの表面の青い部分(アルカロイドが含まれている)を食べておなかを壊すという出来事は、毎年どこかで起きている。通常は、青い皮は食べないように、きちんと剝いてから調理して食べる。こうしてリスクを減らしているのだ。同様に、すべての遺伝子組み換え食品にも一定のリスクがあるが、そうしたリスクが、遺伝子組み換えでない食品と比べてどうなのかが問われなければならない。

実際の安全性

実際のところ、遺伝子組み換え作物の安全性や、環境への影響はどうなのだろうか？

米国で初めて承認された遺伝子組み換え作物の登場から20年以上たち、遺伝子組み換え作物の食品としての安全性は、「科学的には問題ない」というのが通説となりつつある。欧州食品安全機関の２００８年論文や全米科学アカデミー遺伝子組み換え作物委員会の２０１６年報告書は、これまでの遺伝子組み換え作物由来の食品は、一般の食品と同等、つまり概ね安全と結論している。ただし厳密にいえば、今後登場する組み換え作物の安全性はまだ断定できない。導入遺伝子が植物ゲノムの遺伝子のエキソンに組み込まれ、異常なタンパク質ができて、アレルギーを起こす可能性もなくはない。しかし、少なくともこれまでに発売された遺伝子組み換え作物については、「加工食品を摂取した結果として、健康被害が生じた」という科学的因果関係は認められていない。

一方で、「除草剤耐性の遺伝子組み換え食品を食べさせた実験動物ががんを発症した」などと危険性を指摘する論文が、これまでいくつか発表されてきた。しかし、それらの実験には、方法論や結果の解釈に問題があることがほとんどだ。また、例えば害虫に対して抵抗性を付与するだけのために導入されたバチルス・チューリンゲンシスという細菌由来の毒素(Bt毒素と略される)遺伝子が組み込まれた作物などは、ヒトが食べても本当に大丈夫なのかと思うかもしれない。しかしこの毒素(タンパク質)は、作物の害虫にとっては毒であっても、人間が食品として食べても毒素としては作用せず、胃で消化されるだけで問題ないことが科学的に示されている。さらに、熱処理などを経て加工されれば、食品としてはその毒素タンパク質のまま食べることもない。改めて述べるが、遺伝子組み換え作物が食品として流通する前には、規制により、厳格な食品安全性試験にかけられる決まりだ。

環境への影響

一方、環境への影響に関しては、組み換え作物に含まれる外来遺伝子の意図しない拡散は日本でもたびたび起きていることは上述したとおりであり、ナタネの「こぼれ落ち」問題と呼ばれている。これは実際に環境への悪影響を起こしかねない。

まず考えられるのは、耕作地付近に交雑しうる植物種が生育していた場合、外来遺伝子が拡散していくことが生物多様性に与える影響だ。耕作地域以外の環境で、遺伝子組み換えにより除草剤への耐性を獲得した雑種が生育しても、除草剤を散布しなければ生育が促進されることはないので、問題ないという意見がある。しかし、除草剤耐性遺伝子を持たせた雑種イネの栽培実験で、雑種のイネは除草剤なしでも成長や繁殖が促進されたという報告もある。

さらに、耕作地付近の生態系への影響が考えられる。例えば中国では、害虫抵抗性のＢｔ毒素遺伝子が組み込まれたワタを大規模に栽培した結果、その害虫は減ったが、代わって別の生物が増加するという現象が起きている。

遺伝子組み換え作物の自生や交雑は確かに起きているが、現状では、生物多様性に実質的な影響は及んでいないという意見を、植物の研究者からはよく聞く。全米科学アカデミー遺伝子組み換え作物委員会の２０１６年報告書でも、除草剤耐性や害虫抵抗性の遺伝子組み換え作物などの使用は、生物の多様性を低下させていないだけでなく、場合によっては昆虫の多様性を高めているという。しかし、それらはここ20年の状況からみた見解であり、環境という複雑なシステムに対する影響についての見解としては慎重を期す必要があろう。また、環境へ悪影響が及んでしまった場合に備えた方策も示さなければ、楽観論のように映る。

除草剤への耐性遺伝子をもつ雑種が耕作地域に生じると、社会的な問題にも発展しうる。すなわち、遺伝子組み換えとは関係のない有機農法による農産物に混入することで、流通上の混乱を生み、地域の農業ブランド失墜に発展する恐れがある。日本では国のカルタヘナ法のほか、都道府県の一部は条例を設け、遺伝子組み換え作物の栽培を警戒している(図6)。中でも許認可制をとる北海道、新潟県、神奈川県や一部の市町では、国のカルタヘナ法をクリアしても、これら自治体の行政長の許可がなければ栽培できない。

以上をまとめると、遺伝子組み換え作物は、今のところ、食用安全性については概ね問題ないが、遺伝子組み換え作物、および近縁の野生種との間の雑種が環境中に拡散することによる影響については、まだ予断は許されない。また、消費者や生産者に対する食の「安心」の確保という面では、綿密な管理が必要といえるだろう。

世界的にも歓迎されていない遺伝子組み換え家畜

食用を目的とする遺伝子組み換え家畜については、日本はおろか世界的に見ても、規制当局の承認例はほとんどない。耕作地を隔離しても種子や花粉の飛散を完全には防ぎきれない作物の野外栽培と違い、家畜は個体の拡散を防ぐのが比較的容易だ。遺伝子組み換え動物についても食品安全性の懸念はあてはまるが、環境へ重大な影響を及ぼすとは思えない。

遺伝子組み換え作物に比べ、組み換え動物に由来する食品の承認や販売が大きく遅れている理由としては、動物愛護の観点が大きいとみられる。

家畜とは確かに、人の食用、衣服などの原料(皮革や毛)をとるために育てられ、使われる動物だ。もっと端的に言えば、人の利益のために殺生される運命の動物である。しかし家畜は、「やがては人の利益のため殺生されるとはいえ、その時が来るまで生物として大切にされなければならない」というのが今日の動物愛護の考え方である。その観点から、利益の一層の追求のために動物の遺伝子を改変して機能や姿などを変えることには問題があると考える人たちがいる。こうした考えに至る糸口は、「動物は植物より人に近い生物である」という事実にあるようだ。これは心理学的な研究からも示唆されている。

遺伝子組み換えではないが、体細胞クローンによる家畜育種を巡る論争でも、同様の議論があった。体細胞クローンとは、体細胞の核を、予め核を除いた受精卵や卵子に入れて発生させることでつくられる、元の生物と同じ遺伝的背景をもつ生物のことだ。２００９年、日本の食品安全委員会は、食品成分の化学的側面だけを考慮して、「クローン家畜由来の食品は安全」とする見解をまとめた。しかし、体細胞クローンでは高頻度で先天異常が生じ、またそれにともない安楽死させることが多い。食品安全委員会の見解に対しては、一部の人から「ぜひクローン家畜の肉を食べてみたい」という意見があったものの、多くの人々からは、「先天異常の動物が生まれるなら、クローン動物由来食品は安全ではないのではないか」「動物愛護の観点で問題がある育種法を経て生まれる動物の食品安全性について、見解をだすこと自体が不適切だ」などという厳しい意見が寄せられた。実は、その前年、米国でも同様の動きがあり、FDAの安全宣言に対して、一般の人々や市民団体から懸念の声が上がっていた。逆に欧州議会は、動物愛護をふまえて、体細胞クローンの家畜の生産を禁じるか否かを問う投票を実施した。

一方、養殖魚では、遺伝子組み換え食品の承認事例がある。それは米国企業が開発した、別の魚に由来する成長ホルモン遺伝子などを導入し、成長速度を向上させたサケだ。この遺伝子組み換え養殖魚は、2015年に米国で、2016年にはカナダで、食用として承認された。2016年、日本の国会でのTPPに関連した質疑応答でも、このサケが野放しで日本に輸入されると指摘した政党があったのを覚えている人もいるだろう。この遺伝子組み換えサケは、研究・開発から規制当局への申請などを含めて、承認まで20年以上、7700万米ドル(1ドル＝111円換算で約85億円。以下同レート）を費やした。陸上生け簀で養殖されるものだが、「万が一逃亡したら生態系に予想がつかない影響をもたらす」と、市民団体や環境活動家はＦＤＡ承認に反対している。「このような魚は進化史上自然界に存在したためしがないため、河川などに逃亡した場合、どんな結果をもたらすか予測できない」という論文を発表した生態学の研究グループもある。ただし、この遺伝子組み換えサケは不妊であり、逃亡しても生態系に大きな影響を及ぼすとは考えにくい。

ではなぜ、ＦＤＡの審査にこれほど長期間かかったのか。ＦＤＡは表立って言わないが、科学的観点のみならず、世論も考慮して規制を行っているからだろう。結局、このサケは食用として認可されたが、ＦＤＡが表示をどうするかの方針を決めるまでは販売停止となっている。このように、動物愛護の気運の高まりと人々の倫理観から、遺伝子組み換え動物に由来する食品はなかなか日の目をみることがない。

以上のように、遺伝子組み換えの作物や家畜が歓迎されない背景には、規制への疑義、拡散の危険性、企業などへの不信、リスクコミュニケーションの不調、人々の倫理観などがあると考えられる。遺伝子組み換え食品をめぐる賛成派と反対派の論争は、遺伝子組み換え作物が最も広く商業栽培されている米国でも未だに続いているという事実を直視しなければならない。

3　食卓にのぼる日はくるか

遺伝子組み込みがなければ問題ない？

遺伝子組み換え作物・家畜をめぐる状況が厳しいなか、ゲノム編集作物・家畜が作られ、日本の食卓にのぼる日はくるだろうか。

食卓にのぼるにはまず、ゲノム編集作物(家畜)の商業的な栽培(飼育)が可能であることが大前提だ。遺伝子組み換え生物の栽培(飼育)はカルタヘナ議定書などに沿って規制されているが、ゲノム編集で誕生した生物の栽培(飼育)についても、同様の規制が適用されるだろうか。ゲノム編集作物をめぐる各国の動きを参考に、考えてみよう。

実は、カルタヘナ議定書など、遺伝子組み換え作物の規制において焦点となっていたのは「外来遺伝子の導入」あるいは「外来遺伝子がゲノムに組み込まれた状態」だった。しかし、ゲノム編集による育種研究は、今のところＮＨＥＪによる変異の導入がほとんどだ。

ＮＨＥＪによって遺伝子改変された作物は、外来遺伝子の導入、あるいは、その結果として導入された状態とは無縁であり、ゆえに規制する必要はない、という考え方がある。例えば、米国農務省は２０１２年来、「外来遺伝子の導入のないゲノム編集作物は規制対象となるか」という研究開発者からの問い合わせについて、ケースバイケースで判断して回答しているが、これまでの６回（ゲノム編集でつくられたイネ、コムギ、ダイズ、マッシュルームなど）の問い合わせに対する回答は全て「規制対象外」だった。

米国では、遺伝子組み換え技術で作られた作物を野外で栽培することは、植物防疫法で規制されている。ＮＨＥＪで改変された作物には、この法律でいう「植物の害虫（pest）」（例えば、遺伝子組み換えで遺伝子導入につかうアグロバクテリウムなど）由来の遺伝子が導入されていないので、規制対象外とする判断をしているのだ。「作物に導入された遺伝子の性質が、植物にとって有害である場合には規制する」という現行法（プロダクトベースの規制）に則ってなされたこの判断は一見妥当だが、遺伝子組み換えとは異なる新しい遺伝子改変技術であるゲノム編集の特性について熟慮をせずに判断しているのは拙速にもみえる。

アルゼンチンでも、規制の対象外とする方針が示されている。ゲノム編集の農業への応用について、世界で初めて明確な規制対応を行ったのがこの国だ。２０１５年に施行された決議１７３／15号では、米国と同様、野外栽培する作物に、他の生物から導入した遺伝子が含まれないと判断できる場合は、プロダクトベースの遺伝子組み換え技術の規制の対象外とするとしている。

米国もアルゼンチンも、ゲノム編集作物に対し、プロダクトベースの遺伝子組み換え技術の規制をそのまま適用しているわけだ。しかし両国とも、遺伝子破壊(除草剤や病原菌への耐性の付与など)でもたらされる作物の特性が周辺の生物多様性に与える影響や、オフターゲット変異に起因する食用上のリスクを十分に考慮している様子はない。

逆に、ニュージーランドは2016年に、「外来遺伝子の有無を問わず、あらゆるゲノム編集作物は規制対象となる」と解釈しうる規制改正を行った。ゲノム編集作物の研究者にとっては厳しい規制改正だ。この国は、有害物質新生物法という法律の下、遺伝子組み換え作物の開発過程をきめ細かく審査するというプロセスベースの規制をとるが、この規制改正には経緯がある。2013年、ニュージーランドの企業は環境省に対し、ゲノム編集(NHEJ)により開発した植物は遺伝子組み換え作物の規制対象にあたるのかどうかを問い合わせた。これに対して環境省は、専門家委員会に検討を依頼した。委員会は「NHEJによる改変は、プロセスベースの観点では遺伝子改変している事実があるが、改変結果は従来の育種法でみられる突然変異と同様であることから、規制の対象外である」と結論した。有害物質新生物法に照らして、この見解の危うさに気付いた環境省職員は何度も「規制対象とすべきではないか」と進言したが、結局、同省としては専門家委員会の意見を受け入れ、「規制の対象外とする」と決定した。だが、独立研究機関であるニュージーランドサステナビリティ会議は、「環境省は有害物質新生物法を誤解釈している」と高等裁判所に提訴したのである。裁判の結果、高裁は、「ＮＨＥＪによるゲノム編集は新しい遺伝子改変法であることから、慎重な判断が必要であり、規制対象外とした環境省の判断は無効である」との判決を下した。２０１４年のことである。そしてその2年後に、環境省は規制検討をやりなおし、ＮＨＥＪにより改変された作物も規制対象とするよう、規制が改正されたのである。とはいえ、この規制改正の根拠や、ゲノム編集作物の審査における承認要件は不明瞭であり、今後、規制判断をめぐり混乱が起きそうだ。

同じくプロセスベースの規制をとるＥＵは、ゲノム編集をはじめとする新植物育種技術の規制の在り方をめぐり、反対派と賛成派が論争を続けている。日本では、農林水産省や日本学術会議がゲノム編集作物の規制について検討をしているが、肝心の環境省は本格的に対応する気配がない。

ゲノム編集に特化した規制は不要か

ＮＨＥＪによって変異を導入されたゲノム編集作物は、規制の対象にはならないのだろうか。

ＮＨＥＪによる理想的な改変結果は、自然に生じる突然変異や交配による育種の結果と同様にみえる。これは、従来の遺伝子組み換え技術とは一線を画す特徴であり、外来遺伝子に根差す安全性や生物多様性に関する懸念にはあたらないようにみえる。

しかし、ＮＨＥＪでも、環境への影響をもたらしうる遺伝子破壊は可能だ。こうした事例ではやはり、カルタヘナ法の「生物多様性の保全」という趣旨から考えると、野外栽培に際しては規制対象とするのが妥当ではないか。

次のような事例がある。遺伝子組み換えをせずに、先述のＡＬＳにたまたま変異が起きて、ある種の除草剤に対して耐性をもったイネを、ドイツの種苗会社が米国や欧州で販売している。このイネを米国やイタリアで栽培したところ、もともと現地に自生していた雑草イネと交雑し、栽培地では2メートル近くもの丈の、変異型ＡＬＳ遺伝子をもつ雑種イネが生えてきてしまった。２００6年から２０１2年にかけての出来事だ。これを駆除するのは容易ではなく、大きな問題となった。

さらに、ゲノム編集は、自然に起こりうる確率よりも大幅に高い確率で、自然の突然変異と見分けのつかない変異を導入することもできる。しかも、そうした変異を複数、同時に作物に導入することも可能だ。そのような遺伝子改変をされた作物が、耕作地や生態系においてどのような挙動を示すのか、慎重な判断が必要であろう。

標的外の配列でオフターゲット変異を導入されて異常タンパク質が生じ、それがアレルゲンとなって、食の安全に影響する恐れもある。オフターゲット変異のリスクについての検査も必要ではないか。「化学薬剤や放射線で突然変異を誘発した育種法ではそのような検査は求められていないから、ゲノム編集でＮＨＥＪによる変異を導入する場合も検査は不要だ」という反論がある。しかし、ゲノム編集は特定の遺伝子を狙って改変することをセールスポイントとする以上、オフターゲット変異についての検査は必要だろう。

もっとも、実際問題として、「オフターゲット変異をきっちり調べ上げた」と科学的に断定するのは容易ではない。ゲノム編集をしたイネの全ゲノム塩基配列解析を行った論文もあるが、ゲノム編集によるオフターゲット変異と、ＳＮＰあるいは培養突然変異（先述のように、作物のゲノム編集では、植物細胞でゲノム編集をしてから植物体へと再生させることがほとんどであり、培養突然変異の発生は避けられない）とを明瞭に区別できていなかった。とすれば、エキソンだけはきっちりと塩基配列を解析して、「この範囲での解析では問題がない」とするか、ゲノム編集の確からしさ、すなわち、オフターゲット変異を起こす頻度やゲノム中の場所を明らかにするか、のいずれかの方針となる。しかし現在のところ、こうしたオフターゲット変異の解析についての統一ルールはまだない。

環境への影響が小さいとみられるケースで、成分組成の変更などを目的として、一つの遺伝子にだけNHEJで変異を入れる場合(例えば、OsBADH2への変異導入など)については、オフターゲット変異をきちんと調べるならば、野外栽培試験を進めるにあたり厳格な規制は必要ではないかもしれない。しかし、それ以外の、環境への影響を及ぼしうると考えられる遺伝子改変や、複数の遺伝子を改変したゲノム編集作物について野外栽培試験を行う場合は、規制をかける、つまり隔離ほ場での栽培とするべきではないか。

遺伝子組み換え作物であれば、隔離ほ場から逸散しても、植物を採取して導入遺伝子の有無を簡便なDNA検査で調べれば、容易に追跡調査が可能だ。しかし、広大なゲノムの一つあるいはいくつかの遺伝子で小さな変異を起こさせただけのゲノム編集作物の追跡調査は、容易ではないことが予想される。外来遺伝子の有無だけを調べる簡単な検査では突き止められず、遺伝子配列を丹念に読み取らなければならない。こうした検査は、どこでも簡単に実施できるものではない。

それよりもむしろ、確実なトレーサビリティーが必要であるなら、あえて外来遺伝子を指定場所に導入して、追跡のタグとすることも考えられる。この意見を唱えたのは東京大学の塚谷裕一教授で、私もこれに賛成する。一方、識者の中からは、この方法は遺伝子組み換えの規制対象となるため、「遺伝子組み換え」の表示義務を負うことになり、企業にコスト増を強いるという意見もある。

日本の規制当局、特に環境省は、そろそろ重い腰を上げ、ゲノム編集の農業への応用について、規制対応をすべきではないか。ゲノム編集は登場して日が浅い遺伝子工学だ。およそ20年の歴史をもつ遺伝子組み換えとは違い、まだ数年しか経っていないのだ。日本でゲノム編集がよく理解されるようになったとき、市民が食品として、あるいは環境へのリスクの点で、懸念を抱くかもしれない。研究開発者としては、「遺伝子組み換えの農業応用でさんざん苦労してきたのに、ゲノム編集についてもまたそのような懸念を抱かれるなんて勘弁してほしい」と思うかもしれない。しかし、社会で食の受容についての最終決定権をもつのは他でもない、市民である。できる限り多くの人が納得できるようなルール作りが必要であろう。

ゲノム編集家畜の規制

ゲノム編集作物と違い、ゲノム編集家畜については、畜舎での管理が主となるため、環境へのリスクは小さいだろう。放牧することはあっても、野放しにすることはないだろうから、他の動物と交配して環境へ重大な影響を与えるとは考えにくい。このため、家畜では、食用上の問題に焦点が当たると思われる。ここでもまた、ゲノム編集作物の場合と同様、オフターゲット変異の検査をどう行うかについて、統一ルールがないことが問題だ。

多くの動物のゲノム編集では、体外受精で作った受精卵にゲノム編集酵素のｍＲＮＡなどを注入して、数日間は体外で培養する。培養中に卵割が進むので、胚からほんの少しの細胞を採ってＤＮＡを検査することもできるが、この方法では、目的の遺伝子が改変されたことは把握できても、胚のたくさんある細胞全てでオフターゲット変異がないことの証明は難しい。生まれた動物の様々な組織を調べて、オフターゲット変異がないか、食用として問題が生じるような成分ができていないかを調べる必要がある。

これらに関連して、ごく最近、米国で動きがあった。２０１７年1月19日、米国ＦＤＡは、動物で意図的に遺伝子を改変する場合のルール案を発表した。オバマ政権からトランプ政権に移行する、たった1日前だ。その内容は、研究開発者にとって予想外の厳しい内容であった。「動物でゲノム編集を行う場合、安全性や効果について、医薬品並みに厳格に審査をする」という趣旨だったのである。これは、動物のバイオテクノロジーを懸念する人々に対する、オバマ前大統領からの最後のメッセージだったのかもしれない。しかし、トランプ大統領が米国のビジネスにとって邪魔なルールだと判断した場合、この方針が撤回されることも考えられる。今後、米国ではどのような議論になるであろうか。そして、日本の厚生労働省はどう動くのだろうか。

食卓にのぼる日はくるか

現在、研究開発がなされているゲノム編集作物や家畜の多くは、ＮＨＥＪによる遺伝子改変によるものであり、外来遺伝子が導入されていない。しかし、市民の立場からすると、遺伝子組み換え技術のような遺伝子導入がないからといって、これら作物の栽培や家畜の飼養を受け入れ、加工食品を店頭で買い求めることができるだろうか。

まず、作物の野外での栽培について考える。そもそも、日本では今現在も、遺伝子組み換え作物の商業栽培がほとんどない状況だ。ゲノム編集作物の野外栽培についても、同様に否定的にとらえる人が多いかもしれない。

世界を見渡すと、ゲノム編集作物の野外栽培への規制対応は、アルゼンチンとニュージーランドが先行し、ＮＨＥＪによる作物育種について、アルゼンチンは推進的だが、ニュージーランドは抑制的だ。米国農務省では、現行法に則ってケースバイケースで対応しているだけだ。

日本の環境省は遺伝子組換え生物等専門委員会(平成27年度第2回)で、「当面、現行のカルタヘナ法に則り、個別判断をしていく」という方針を示している。つまり、米国農務省と同じ方針だ。

ただ、日本の人々の中には、遺伝子組み換え食品の表示制度などをめぐって、すでに行政への不信が広がっている。この先、国がなんら規制対応しないままに米国などからゲノム編集作物が輸入されるような事態となったとき、国内では行政への不信が一層増す恐れもある。その場合、ゲノム編集作物が日本で商業栽培される可能性はほぼゼロとなってしまうだろう。

もっとも、野外栽培の基準がカルタヘナ法できちんと定められていても、遺伝子組み換え作物が日本の食卓で歓迎されているわけではない。同様に、たとえゲノム編集作物の栽培について明確な基準をつくったとしても、食卓に受け入れられるには高いハードルがあるだろう。

そこで次に、消費者の側がゲノム編集作物を受け入れるかどうかについて考えてみよう。

欧米ではいくつもの市民団体(食品安全センター、GMウォッチ、グリーンピース、IFOAMなど)が、米国やEUの関連規制をふまえつつ、「ゲノム編集作物には規制が必要だ」という声明を発表している。そうした団体が共通して求めているのは、「世の中で流通する間は追跡可能とし、店頭ではその旨を表示せよ」ということである。

他方、日本では、ゲノム編集の農業応用について、明確な根拠に基づいて声明を発表している市民団体や消費者団体は、残念ながら少ない。したがって、消費者サイドにおいてゲノム編集が受容されるかどうかは不透明な部分が多いが、以下で推測してみたい。

２０１６年発表の、米国ピュー研究センターによる社会調査によると、約９割の人々はゲノム編集について少ししか聞いたことがないという。今のところ、日本における同様の調査事例はないが、ゲノム編集という手法は遺伝子組み換えよりも複雑であり、日本でも、ゲノム編集と遺伝子組み換え技術の違いを区別できない人は多いかもしれない。ゲノム編集された作物や家畜を受容できると思うか否かは、そうした科学的理解の程度にもかかってくるだろう。

他方、かりに科学的理解が進んだとしても、ゲノム編集がなされた作物由来の食品は個人的には受け入れないが、食べたい人が食べる分にはかまわない、という人もいるだろう。ゲノム編集作物／家畜である旨の表示を条件にすれば、そうした人々は購入や摂食を回避することができるため、販売自体には反対しないだろう。そうした人々が多数を占めるなら、ゲノム編集作物／家畜は「食べたい人の食卓にはのぼり、食べたくない人の食卓にはのぼらない」という日はくるかもしれない。ただ、表示がなされないとなれば、このような人々は販売自体にも反対するであろう。

ゲノム編集家畜は歓迎されるか

遺伝子組み換え作物の商業栽培が行われている国が28か国ある一方で、遺伝子組み換え家畜が世界的にまったく普及していないことを考えると、ゲノム編集家畜が歓迎される可能性は、ゲノム編集作物のそれよりもさらに低いかもしれない。

さらに、人の心理的抵抗という面からも、ゲノム編集家畜は受け入れがたいことが予想される。例えば、筋形成抑制因子ミオスタチンのMSTN遺伝子を破壊したウシなどの家畜が次々と作出されているが、こうした家畜の肉を一般の人の多くが食べたいと思うだろうか。

体細胞クローン家畜のときと同様に、生産者や一部の消費者はそれぞれ、「1頭当たりの肉の生産性が向上するなんていい話じゃないか」「引き締まった肉をぜひ食べてみたい」と歓迎するかもしれない。しかし一方で、懸念を抱く人もでてくるはずだ。

ゲノム編集でMSTNを破壊したウシのモデルは、生まれつきこの遺伝子に変異を持つ、ベルジアンブルーという系統のウシだ。ベルジアンブルーは、筋肉形成の抑制が利かないため、胎仔の段階から筋肉がどんどんつく。その結果、母ウシが仔ウシを出産するときには難産となり、帝王切開となることが多い。生まれた後も、仔ウシは舌の肥大で呼吸困難になりやすく、さらに体重が通常のウシの1・3倍ほどになるため、脚を痛めがちだ。母ウシに大きな負荷をかけ、また成育中も健康上いろいろ問題を抱える品種を意図的に作り出し、繁殖させる行為について、快く思わない人もいるだろう。

ゲノム編集により、ブタに感染症への抵抗性を与えるという育種はどうか。ブタなどの家畜は、自由に放牧されるのではなく、畜舎で密集飼育されることもある。その場合、感染症にかかった個体がでると、畜舎全体に流行してしまう。この感染症に対する有効なワクチンがないため、流行が起きた畜舎では、ブタは全て殺処分されてしまう。大切に育ててきたブタたちの命が無下に失われる状況に直面したら、生産者はひどく落胆するであろう。

消費者としては、「そもそも、効率的な肥育のために畜舎内で飼われているからウイルス流行が起きやすいのだ、私たちは密集飼育でブタに無用な苦痛を与えている、密集飼育由来の豚肉を食べるのはもう止めよう」という人もいるかもしれない。しかし、密集飼育自体を止める、あるいは廃止するのは、これまでの畜産業の歴史を考えると難しいだろう。ゲノム編集を使い、ブタでウイルス感染症に強い品種へ改良することは、ブタの健康を考えると認めざるをえないと思う人は多そうな気がする。ブタの健康を脅かしているのは、生産者ではなく、自然に生じる感染症の脅威であるから、これから動物を守るという考えは、少なくとも有効なワクチンが開発されるまでは、動物愛護の観点からも妥当にみえる。

ホルスタイン種のウシに、角が成長しない品種の遺伝子異型をコピーして、角がない個体を作るような事例も考えてみよう。生産者は畜舎で、他のウシや生産者がケガをしないよう、ウシの角を切り落としている。この作業は、ウシを押さえて固定した上で、大きなニッパーのような道具で角を切るのがほとんどだ。生産者にとって手間暇がかかるだけでなく、角には神経があるので、ウシたちにとっても相当な苦痛だろう。子ウシのときは焼きゴテを当てて角が生えないようにするが、生まれて間もなく熱いコテを当てられるわけで、やはり大変な苦痛だと思われる。では、ゲノム編集によって角をなくしてしまうという育種は、消費者に受け入れられるだろうか。感染症予防と同様、これも目的としてはウシの健康のための品種改良ではある。しかし、大きく違う点は、外観が変わることだ。角を生えなくするだけなのだから、一見大して問題ないように見えるかもしれないが、心に引っかかりを覚える人もいるかもしれない。

さらに、感染症予防の事例と大きく違うのは、ここではゲノム編集に代わる手段がないわけではないことだ。ウシの角切りにともなう苦痛を除くためであれば、ゲノム編集をしなくとも、ウシに麻酔をしてから切ればいいではないかと思う人もいるだろう。現に、英国ではそういうルールになっている。また、日本ではウシの角カバーというものも販売されており、これを使えば角突きでの事故は防げ、角切りの作業自体が不要になると期待される。「いや、麻酔をしたり、角カバーをかけたりするのは手間とお金がかかるから」と反論するならば、結局、開発者や生産者の生産効率や経済性だけの話ではないかと、反論する人もいるだろう。

バイオテクノロジーの動物への応用に関する倫理を論ずる論文を読むと、アリストテレス哲学のテロス(Telos)という言葉が出てくるものがいくつかある。この場合、テロスとは動物の本質や目的という意味だ。バイオテクノロジーで動物の形態を変えることはテロスを損じる、とみる人がいそうだ。なぜなら、動物における遺伝子組み換えの倫理をめぐる議論はまだまだ途上である状況だからだ。

以上のように、家畜のゲノム編集の多くは、実用化に近づくにつれ疑念の目が向けられる可能性がある。しかし、動物の健康や生活環境を守るという真に理解しうる目的で、他に採りうる手段がない状況では、受け入れられることもあるかもしれない。ただ、そのような場合でも、オフターゲット変異の検討は重要になるだろう。作物のような食品安全性という観点からだけでなく、家畜の健康に影響を与えないかという観点からもそうである。

ゲノム編集の農業応用の研究は、数々の成果を挙げているため、一見、すぐさま実用化しそうにも思われる。微かには道筋があるようにも見受けられるが、いろいろ考え合わせると、その前途は厳しい。

人が「食べもの」によせる想い

農業は、「農耕」の時代からの長い歴史に立った産業だ。少しずつ、自然と折り合いをつけながら、人々は野生の動植物を飼いならし、手間暇をかけて育て、生活の糧にしてきた。一方の自然は気まぐれで、突然の気候変動や害虫の発生などを起こしてきたが、人々は突然変異で生じる形質を見極めながら、品種改良を続け、今日の農業に発展させてきた。その過程では、化学農薬、化学肥料や遺伝子組み換え技術を避けて、自然の姿を尊重する有機農法を追求する動きも出てきた。

第二次世界大戦後、科学技術を使ったランダム変異導入法で多くの作物品種が開発されたが、多くの国では、この方法で生まれた品種について、特別の規制を課さずに品種登録に至っている。それは、こうした方法が突然変異体の出現率を上げてはいても、変異体の選抜と形質の確認には依然として多くの時間をかける必要があり、結局、従来の交配による育種と本質的な違いはないという社会的合意があったからだろう。

一方、遺伝子組み換え技術は、除草剤とそれに耐性をもつ作物の組み合わせに代表されるように、農業の効率化と大規模化を進める動きを加速させた。農耕から農業へと続いてきた長い歴史の流れとは異なり、今日ある農業を急変させる動きであったため、多くの人々から反対の声が上がった。例えば除草剤への耐性は、開発者と生産者には利益があるかもしれないが、消費者にはあまり恩恵はない。生産者や消費者の中からは、遺伝子組み換え技術を駆使した農業を進める企業などへの敵視の気運が生まれ、遺伝子組み換え作物は総じて忌み嫌われるものになった。ゲノム編集も遺伝子組み換え技術と同じく遺伝子工学ツールであるため、同様のとらえ方をされる可能性はある。

ただ、遺伝子組み換え作物の数ある品種の中には、地域への導入にメリットがあると見なされた結果、その地域での栽培が受け入れられたものもある。例えば、ハワイ島では一時、リングスポットウイルスによる被害が、パパイヤの生産高を半分にまで激減させたことがあった。そこでこの地域では、生産者と住民が慎重に対話した上で、このウイルスへの抵抗性を付与した遺伝子組み換えパパイヤを導入し、生産量を回復させることができたのである。

しかし、日本ではそのような契機はなかった。今日の日本では、生産者よりむしろ消費者の見方が新しい農産物の在り方を決めている。

では、人々は何を考えて農産物を買い、食べているのか、改めて振り返りたい。

「ゼロリスク志向」といっても、先述のように、リスクは程度の話であり、ゼロということは現実的にありえないのだが、人々は食品の安全性を厳格に求めている。実は、その正体は安全というよりも、安心を求めているのかもしれない。特に、スーパーで実際に食品を買う人たちは、子どもやお年寄り、そして家族にとって、安心な食品を選んでいるのではないか。

人が「この食品は食べて安心だ」と考える理由は、やはり歴史や伝統に裏付けられた方法で作られ、産地や農家の顔が見える、あるいは想像できるということではないだろうか。その点、遺伝子組み換えやゲノム編集は新しい育種方法であり、安全性も理解されにくいし、また、遺伝子組み換えについては農家の顔よりも多国籍種苗会社のイメージの方が浮かびやすい状況だ。

「食べられればなんでもいい」という人もいるだろうが、大多数の人にとって、食とは単なる栄養物ではない。素性のよく知れた食材を使って料理するというプロセスを、趣味的に楽しむ人がいる。また、季節感あふれる色彩、風味、歯ごたえなど、娯楽的なものを食に求めている人もいる。家族や恋人、仲間との団らんを彩る、触媒としての役割を食に求める人もいるだろう。こうした食をめぐる様々なシーンに、遺伝子組み換えやゲノム編集で作られた食品を登場させることには、少しためらいを感じる人もいるだろう。ただその一方で、研究開発者は人々の食シーンをよく考え、消費者の側は科学的な理解の上で、心理的な抵抗感の源はなにかをよく吟味し、双方が慎重に対話を重ねれば、食シーンによっては、ゲノム編集作物が食卓の一角を占める日もくるかもしれない。

コラム

遺伝子ドライブによる有害生物の駆除

遺伝子ドライブとは、有性生殖する種で、ある遺伝子の遺伝に偏りを人為的にもたらす技術だ。生殖を経る毎に集団全体の遺伝子構成を変えていく効果があると考えられている。

遺伝子ドライブは理論としては10年以上前からあった。有性生殖の種で、多くの遺伝子はゲノムに2コピーあり、それぞれ相同染色体に1つずつある。この対立遺伝子は、メスとオスの間で生まれる子に50％の確率で遺伝する。しかし、その個体が高い環境適応性をもち生存中頻繁に生殖する状況でないと、その遺伝子は集団の中で広がらない。つまり、特定遺伝子の集団への拡大は、50％の確率での遺伝では滅多に起こせない。だが、もし100％の確率で遺伝子を遺伝させるバイオテクノロジーがあれば、ある集団に効果的に遺伝子拡散させることができる。これが遺伝子ドライブの基本原理だ。

ゲノム編集、特にクリスパー・キャス9の登場以後、遺伝子ドライブの実効性が増した。例えば、HDRの改変ができるクリスパー・キャス9をプラスミドDNAの形態で受精卵に導入する。キャス9が発現し、HDRで2つの対立遺伝子の狙った部分にクリスパー・キャス9プラスミドを組み込ませる。50%の確率で次世代に遺伝するが、ゲノムに組み込まれたクリスパー・キャス9DNAが発現し、再び2つの対立遺伝子が設計通り改変される。集団内で世代を経る毎に2つの遺伝子がともに改変された個体が増えるわけだ。

目下、遺伝子ドライブを使い、ある地域に生息する有害種の集団を絶滅する研究を巡り大きな議論がある。例えば、マラリアやジカウイルスなどの感染症を媒介する蚊の殲滅などへの利用である。しかし、野外に遺伝子ドライブを搭載した生物を放逐した後、ガイドRNAをコードするDNAやHDRの修復鋳型DNAに変異が入れば生態系に想定外の甚大な影響が及びかねない。しかも、取り返しがつかない結果となりえる。日本でも2016年末、ゲノム編集魚を使った外来魚駆逐計画が報道された。水産研究・教育機構や三重大学のグループはゲノム編集でオスの不妊ブルーギルを作り、3年後の人工池試験実施を目指している。計画具現化につれ遺伝子組み換えサケとは異なる反応が社会から起こるかもしれない。日本で遺伝子組み換え動物の屋外試験飼育の承認例はこれまでカイコだけであり、このゲノム編集魚の屋外池試験を開始するには多くの倫理社会的、また規制的なハードルがありそうだ。

第3章　ゲノム編集で病気を治療する

ゲノム編集の登場によって、ヒトのゲノムの狙った場所に正常型の遺伝子を導入するほか、狙った遺伝子を〝破壊〟することも可能になった。そこで、ゲノム編集をヒトの医療に応用しようという動きが今、活発になっている。臨床試験も次々と開始されている。

もっとも、ゲノム編集技術を用いない従来の遺伝子治療の歴史を振り返ると、被験者の死亡という重大な事故も起きている。果たして、ゲノム編集による治療法は無事に患者に届くだろうか。また、どのような問題点があるのだろうか。

1 遺伝子治療とゲノム編集治療の登場

従来の遺伝子治療と比べると

発病とは、健康な人が、ある日具合が悪くなり、病気になることを意味する。

しかし、一部の人は、生まれた直後から症状がでて、深刻な状況になってしまう。このような場合は、しばしば染色体や遺伝子の問題が原因となっている。全身の細胞の染色体に異常があることで多くの遺伝子が正常に機能できないため、あるいは重要な役割を持つ遺伝子に変異があるために、臓器あるいは体全体がうまく機能しないのだ。前者を染色体異常、後者を遺伝子疾患と呼び、命に係わることもある。これらのケースは、発病したというより、むしろ病気を持って生まれ、ほどなくして発症したということだ。

重症の先天性遺伝子疾患の場合でも、食事内容を管理したり、屋外活動を控えたりといった大きな制限の下で、疾患の原因である遺伝子が作るはずだった正常な機能を持つタンパク質を薬として一生投与し続ければ、生きていけることがある。しかし、このような対処では、患者の自由が奪われ、またその人生の質は大きく下がってしまう。

そこで、遺伝子そのものを操作することで、そうした患者の治療をめざすのが「遺伝子治療」だ。患者の体細胞のゲノムに正常型の遺伝子を組み込み、タンパク質を作れるようにする。明快な治療コンセプトだ。薬剤であれば、最終的には体内で分解されて排出されてしまうため、一度の服薬では短期的な効果しか望めないが、遺伝子治療であれば長期間の効果がえられる可能性がある。うまくいけば、先天性の遺伝子疾患の患者が初めて健康となることができると期待されている。

遺伝子治療には、正常型遺伝子をウイルスベクターなどに載せ、それを人体に直接導入する「生体内遺伝子治療」と、体外（試験管内）で遺伝子を細胞に導入してから、その細胞を体内へと移植する「生体外遺伝子治療」との二つのタイプがある。両者の使い分けは病気のメカニズムや患部が限局されているか全身にわたるかでケースバイケースで検討されるが、血液関連の病気の場合は生体外遺伝子治療を、特定組織で遺伝子発現させる場合は生体内遺伝子治療が選ばれる傾向がある。

しかし、ゲノム編集技術を使わない従来の遺伝子治療では、正常型の遺伝子を患者の細胞に組み込む際に、ゲノム上の場所を特定することが難しかった。そのため、組み込まれた遺伝子は多くの場合、本来の場所とは異なる場所に挿入され、正常に発現されなかったり、もともとあるゲノム上の遺伝子を壊してしまったりといったリスクがあった。

そこに、ゲノム編集の技術が登場した。ゲノム編集を使えば、「狙った」場所に遺伝子を挿入できるため、従来の方法よりもずっと確実に遺伝子を発現させることができると期待される。またもちろん、「狙った」遺伝子に変異を入れることも可能だ。そうしたゲノム編集を用いた遺伝子治療のことを、以下では「ゲノム編集治療」と呼ぼう。

従来の遺伝子治療と同様、ゲノム編集を伴う治療にも、「生体外ゲノム編集治療」と「生体内ゲノム編集治療」がある(図7)。

両者を比べると、生体外ゲノム編集治療は、遺伝子を編集した細胞を体内に移植する前に、

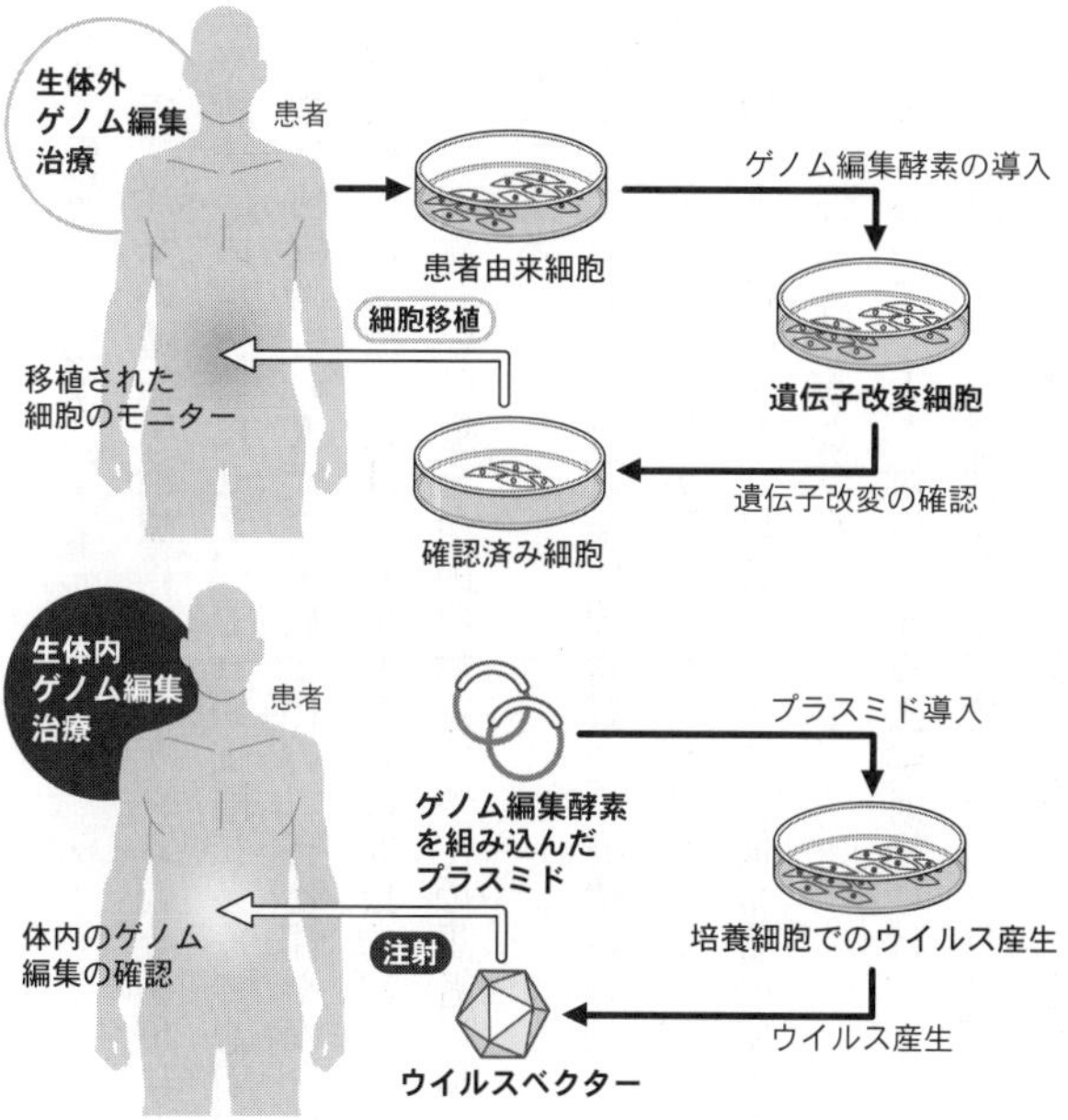

図7　生体外ゲノム編集治療と生体内ゲノム編集治療.
©川野郁代

正常に編集がなされたかどうかチェックができるため、リスクを小さくできる点で有利だ。細胞移植直前にオフターゲット変異など問題が見つかれば、移植を中止できる。それに対して生体内ゲノム編集治療では、人体に直接、人工のDNA切断酵素を導入する。そのため、手術にも似て、その人工のハサミがきちんと狙ったところを切るか、違うところを切ってしまわないかは、最終的にはやってみなければわからないという難点がある。

人での試験は必須のハードル

さて、従来の遺伝子治療にせよ、ゲノム編集治療にせよ、さらにはその他のあらゆる治療方法や新薬、医療機器にせよ、それが実際に多くの患者に用いられるためには、研究室で開発された後に何段階もの人での試験を行い、有効性や安全性が確認されなければならない。なぜなら、人体への医療介入は、直接あるいは間接的に、一定のリスクを伴うためだ。安全性が未検証なまま、新しい医療を全国の病院で多くの患者に用いてしまえば、社会的な大問題に発展する恐れがある。

実験室でつくられた新薬候補物質や医療機器の試作品は、まず動物実験で安全性と有効性が評価される。この動物実験で有望と判断されると、医療現場で本格的に用いられる前に、数人から数百人規模の患者、場合によっては健常者の協力を得て試験が行われ、そこでさらに安全性や有効性の評価がなされる。

日本において、人を対象とする医学研究には、大きく分けて3体系ある。

「臨床研究」は、医師が臨床現場において行う研究で、既に行われている治療の効果や予後を観察する研究のほか、実験的な治療を行う研究がある。

「臨床試験」は、臨床研究の中でも、特に医療介入(予防、診断、治療)の方法の安全性と有効性を評価することを目的とする。実験的な新しい医療が有効か試され、かつ、客観的に評価される点が特徴である。

「治験」は、臨床試験の中でも、国に新薬や医療機器の製造販売の承認申請を行うことを目的としており、実施者は医師の他、製薬会社となっていることもある。新薬や医療機器が販売承認されれば、一般的に使われることになる。

つまり、「治験」は「臨床試験」に含まれ、「臨床試験」は「臨床研究」に包含される関係だ。臨床試験や治験は、通常、健康な人(あるいは患者)の協力を得て、安全性や体内動態を中心に調べる「第一相試験」、患者の協力を得て安全性を確認しつつ有効性を評価する「第二相試験」、得られた有効性・安全性をより多くの患者の協力を得て検証する「第三相試験」に分類され、通常この順番で進行する。第一相から第三相に展開するにつれ、被験者の人数はおよそ数十人→数百人→数千人と多くなっていく。また、新薬などが市販となった後には「第四相試験」が行われ、有効性と安全性にかかわる情報がさらに収集される。

臨床試験のルール

臨床試験は、実施前に審査にかけられる。これは、被験者をできる限り守るためだ。この審査の体系は、第二次世界大戦後の1947年にまとめられた「ニュルンベルク綱領」(人を対象とした試験の10か条)を基礎としている。その筆頭にくる条項は、「実施に先立ち、被験者の自発的な同意を必ず得ること」だ。また、「医学的意義があると判断できる試験のみ実施が許される」とし、動物実験の結果に基づく合理的設計の試験であることを求めている。

1964年、この綱領をベースにまとめられた医学研究のルールが「ヘルシンキ宣言」であり、人を対象とする医学研究の倫理規範として、これが事実上の世界標準となっている。順次改訂が行われ、最新版は37条からなっている。

ニュルンベルク綱領との大きな違いの一つは、第23条の「研究倫理委員会」の条項だ。人を対象にした試験研究の計画は、事前にこの倫理委員会の承認を得る必要があるとしている。倫理委員会は、人間を対象とする医学研究の目的の重要性が被験者のリスクおよび負担を上まわるか、リスクを最小化させるための措置が講じられているか、リスクは継続的に監視・評価・文書化されるようになっているか、慎重に審査することになっている。倫理委員会が問題ないと判断した場合、その臨床試験は実施できるが、審査の結果、計画を変更するよう指示がなされたり、場合によっては実施不可とされたりすることもある。

倫理委員会は、医学部が設置されている大学や医療機関に設置されている。通常は第三者委員会であり、委員は、医師、生物医学者など専門家だけでなく、生命倫理研究者、法律家や患者団体関係者などを含み、かつ男女比なども考慮される。

リスクを評価する

新しい医療の場合に大切なのは、リスクがどの程度明らかになっているか、そしてその想定されるリスクの程度は、期待される利益と比べてどうかを慎重に推し量ることだ。

リスクを評価する際にはまず、試験で対象とする患者の要件が重要となってくる。系統、週齢や性別などを容易にそろえることができる実験動物と違い、患者は老若男女いろいろだ。同じ病気の患者でも、重症の人から軽症の人まで様々であり、また病歴も人によって異なる。

また、リスク評価においては、人体への介入方法がどういう内容かも重要だ。薬剤の場合、体内に吸収され、分解、代謝、尿などに排出される。そのため、体内にある期間を中心に予後を見て、介入した効果を評価することになる。手術の場合には、予後のほか、手術を行う医師の技量や術の難易度もまた、リスクを左右する要素になる。なかでも臓器移植手術の場合には、臓器提供者と移植を受ける患者の双方に介入が必要であり、移植を受けた患者については、移植による拒絶反応を薬剤できちんとコントロールできているか、移植臓器が機能しているか、長期のフォローアップが必要だ。

遺伝子治療では、正常型遺伝子を組み込んだウイルスベクターやプラスミドDNAなどを直接（生体内遺伝子治療）、あるいは間接的に（生体外遺伝子治療）患者に投与する。生体内遺伝子治療に用いられる（正常型遺伝子が搭載された）ウイルスベクターやプラスミドDNAなどは、承認を受けると「生体内遺伝子治療製剤」として商品化が可能となる。同様に、生体外遺伝子治療に用いられる（正常型遺伝子が予め組み込まれた）細胞は、「生体外遺伝子治療製剤」として商品化が可能だ。これらの点からしても、遺伝子治療は薬剤の投与に一見似ている。しかし、リスク評価の観点からすると、むしろ手術や臓器移植に近い。体内に導入されたDNAや遺伝子導入細胞は、患者の体内に長期間残るからだ。ゲノム編集でも、分子のハサミでDNA二重鎖を切っており、やはり痕跡は体内に残り続けることになる。

しかし、ミスがわかりやすい手術と異なり、人体での遺伝子改変の影響やリスクは、まだよくわかっていないところがある。マウス実験でリスクが低いと推定できても、それは遺伝的背景がよくそろっている動物実験での知見だ。ヒトではSNPなどのため、そもそもゲノムが個人間で0・1％違っており、誤った遺伝子改変があったとしても、もともとゲノムにある個人差に埋もれてしまって検出しにくい。また、ウイルスベクターの細胞内での挙動も、研究者が想定した通りとは限らない。さらにゲノム編集の場合、オフターゲット変異のリスクもある。

さて、倫理委員会での承認を得た後、医師らは臨床試験を開始できるが、被験者として参加する・しないは個々の患者の自由であり、誰の影響も受けてはならないことになっている。入院している病院で研究募集案内をみて、新しい医療を試すチャンスとして話を聞いてみた上で、断ってもいいのだ。断ったとしても、入院している病院で、きちんと医療が受けられなくなるなどの不利益はあってはならない。また、患者がいちど同意しても、後でよく考えて、その同意を撤回するのも自由だ。患者が未確立の医療の副作用で死亡したり、重大な後遺症などを負ったりするような事故を未然に防ぐことが最優先なので、こういうルールになっている。

とはいえ、どんなに配慮しても、人体への介入にはリスクがある。その臨床試験を受けることで得られると期待される利益だけでなく、想定しうるリスクを、その程度も含めて患者によく説明し、理解してもらい、そして自発的な同意を得ることが最重要なのである。

遺伝子治療の臨床試験

では、ゲノム編集以前の遺伝子治療はどんなケースに適用され、またどのような経過をたどったのだろうか。実例を挙げながらみていこう。

1995年、日本で初めての遺伝子治療の臨床試験が、私が所属する北海道大学で実施された。20万人に1人の頻度とされる、アデノシンデアミナーゼ（ADA）欠損症の4歳の男の子が被験者となった。ADAの遺伝子に変異があると、この酵素が機能せずうまく代謝経路が回らないため、蓄積された核酸の一種が、リンパ球（白血球の一種。免疫に関係する）に毒性をもたらして細胞死させてしまう。その結果、重症複合免疫不全症（SCID）になり、放っておくと感染症やがんに侵され、幼くして死んでしまう（ADA欠損症に由来するSCIDのことをADA－SCIDとよぶ）。造血幹細胞（血球をつくるもととなる細胞。骨髄に存在する）の移植ができるといいのだが、ドナーが見つかるまで年単位で待つこともある。タンパク質のADAを薬として投与する補充療法もあるが、毎週投与が必要で、投薬料は月に約120万円かかり（保険適用になっていなかった）、これをずっと続けていかなければならない。被験者となった男の子は、感染症にかからないよう自宅で過ごし、毎週一度、酵素投与を受けに北大に通院していたが、免疫細胞は健康な子の8分の1になり、体調が悪化していった。

北海道大学小児科の医師、崎山幸雄助教授（当時）は、男の子の容体悪化を目の当たりにして、正常なADA遺伝子を体内に導入する遺伝子治療しかないと思い至った。というのも、これに先立つ1990年、米国国立衛生研究所（NIH）で世界初の遺伝子治療の臨床試験が開始されたが、このケースがADA−SCIDに対する治療であったのだ。NIHの病院では、当時4歳の女の子が最初の被験者となり、4か月後に別の9歳の女の子も遺伝子治療を受け、経過は良好であった。NIHでの臨床試験では、生体外遺伝子治療が採用された。免疫細胞の一種であるT細胞を患者から採取し、レトロウイルスベクターを使って、正常なADA遺伝子をT細胞のゲノムに組み込む。そしてそのT細胞を体内に戻し、免疫を再建する効果があるかどうかが評価された。崎山助教授は、NIHに短期留学して、遺伝子治療の手順を取得。帰国後は、遺伝子治療のための研究室を北大病院内に設立し、厚生省と文部省へ臨床試験計画を申請し、承認をとりつけた。そしていよいよその後、NIHの臨床試験で使われたのと同じ、ADA遺伝子が搭載されたレトロウイルスベクターを米国から輸入した。

1995年8月、北大病院において、ADA遺伝子が組み込まれたT細胞が男の子に投与された。当時の北大では、記者会見に多くのマスメディア関係者が押し寄せ、大きな騒ぎであったと聞く。男の子はこの投与を11回にわたって受け、体調を取り戻し、小学校に入学できるようになった。

そして、それから20年以上たった2016年、ビッグニュースがヨーロッパから届いた。レトロウイルスベクターによってADA遺伝子が導入された造血幹細胞が、ADA－SCID治療の用途で、EUからの承認を得たのだ。このストリムベリスという生体外遺伝子治療製剤は、T細胞ではなく、様々な血液細胞を作る幹細胞であるため、一度の治療で健康を得る可能性が高まったといえる。運悪く遺伝子変異をもって生まれたとしても、遺伝子治療が子どもたちに未来を夢見る力を与えてくれる時代がついに到来したのだ。

承認までの長い道のり

とはいえ、米国NIHがADA－SCIDの遺伝子治療の臨床試験を始めてから、EUで遺伝子治療製剤が販売承認になるまで、四半世紀もかかっている。実はこの時間こそが、遺伝子治療がたどった困難な道のりを物語っている。今日まで、世界で少なくとも2409の遺伝子治療の臨床試験が進められてきた（2017年時点、実施数は米国が6割、次いで英国が1割ほどを占め、あとは数％以下の国が続く）が、販売が承認された遺伝子治療製剤はたった7つにすぎないのだ（表4）。

表4　承認された遺伝子治療製品

承認年	国	製品名	適用	内容
2003	中国	Gendicine	頭頸部がん	がん抑制遺伝子 p53 を搭載したアデノウイルスベクターで，放射線療法と併用する
2005	中国	Oncorine	頭頸部がん	アデノウイルスの遺伝子欠損体で，化学療法と併用する
2007	フィリピン	Rexin G	固形がん	cycline G 遺伝子を搭載したレトロウイルスベクターで，コラーゲンに結合するよう膜を改変してある
2011	ロシア	Neovasculgen	下肢の末梢血管病	VEGF 遺伝子を搭載したプラスミドで，血管内皮を増殖させて血流回復をねらう
2012	EU	Glybera	リポ蛋白リパーゼ欠損症患者で重症膵炎ケース	リポプロテインリパーゼ遺伝子を搭載したアデノ随伴ウイルスベクターで筋肉注射で酵素を作らせる
2015	米国	IMLYGIC	皮ふがん(メラノーマ)	ヘルペスウイルスの遺伝子欠損体で，GM-CSF 遺伝子を発現させる機能ももたせてある
2016	EU	Strimvelis	ADA-SCID	患者の造血幹細胞に ADA 遺伝子を搭載したレトロウイルスベクターを感染させ，細胞を体内に戻す

出典：金田安史 2016.

世界で初めて承認された遺伝子治療製剤は、頭頸部がん治療を目的とする生体内遺伝子治療製剤「ジェンディシン」で、２００３年に中国で承認された。がん遺伝子治療製剤は、その他に3つが承認されており、それらの承認国の内訳は中国1、フィリピン1、米国1だ。ＥＵでは、先天性の酵素欠損症の治療を目的とした2製品、上で述べた「ストリムベリス」と「グリベラ」(生体内遺伝子治療製剤)が、近年続いて承認を得ている。その他には、ロシアで承認された、下肢末梢血管病に対する生体内遺伝子治療製剤が１つある。

これまで承認された遺伝子治療製剤は、たったこれだけなのだ。承認された時期を見ると、２０００年を迎えて数年後にちらほら承認が出てきて、近年やや続けて承認が出ているという微妙な状況だ。ちなみに日本では、臨床試験は42実施されたものの、承認された遺伝子治療製剤はゼロである。

遺伝子治療製剤の開発が順調に進んでいない主な理由は、ヒトでの遺伝子改変のリスク評価の困難さにある。薬剤の投与と異なり、遺伝子治療は、長期の効果を狙って人体に遺伝子を導入している。このため、導入遺伝子が副作用をもたらす場合には、人体に長期的な影響を及ぼし、健康に大きな問題を起こしかねない。

ゲルシンガー事件

米国では世界で初めて遺伝子治療の臨床試験が行われ、またその後にも数多くの臨床試験が進められていた。しかし、その米国での承認数は意外に少ない。この背景には、1999年の悲劇がある。その舞台は、ペンシルバニア大学だった。オルニチントランスカルバミラーゼ（OTC）欠損症に対する生体内遺伝子治療の開発を目指して、臨床試験が実施されたのである。OTCは、アミノ酸が代謝されると生じる有害なアンモニアを解毒して、尿素に変える役割を担う。体内でこの酵素が産生されないOTC欠損症は、タンパク質制限食と投薬で生きていける場合もあるが、重症の場合には死んでしまうこともある。

被験者の一人であるジェシ・ゲルシンガーは当時高校生で、食事や投薬などの制限が多い人生を変えたいと考え、親と相談したうえで、臨床試験への参加を申し出た。ゲルシンガーは、OTC遺伝子を搭載したウイルスベクターを肝臓に投与された。しかし、その4日後に、急性の多臓器不全で死亡してしまったのである。

この試験では、一般的な風邪の原因ウイルスの一つであるアデノウイルスをベースにしたベクターを使っていた。ウイルスベクターとして使うにあたり、ウイルスのゲノムには、搭載した遺伝子が体内で発現するように様々な遺伝子改変が施されている。研究者らは動物実験で、このベクター自体が動物に毒性を及ぼすリスクがあることを知っていた。マウスだけでなくサルも、場合によってはこのベクターの投与で死亡することも把握していた。にもかかわらず、ゲルシンガー親子には、このリスクを伝えていなかった。臨床研究者としては論外の態度である。臨床試験で使われたベクターは、動物実験で使われたものから改良されていたのは事実だが、投与された量も多かったようだ。

この事件はその後、遺族と大学の間で裁判に発展し、2005年にようやく結審した。しかし、この一連の出来事は、世間が遺伝子治療の安全性を疑問視するようになっていくきっかけとなり、そして遺伝子治療の開発に対するFDAの規制態度を硬化させた。

白血病の副作用

ゲルシンガー事件と同じころ、海を隔てた欧州で、決定的な出来事が起きた。

1999年、フランスで、X染色体連鎖性の重症複合免疫不全症(X-SCID)に対する、生体外遺伝子治療の臨床試験が実施された。この病気は、X染色体にあるIL2RG遺伝子の変異が原因で起こるSCIDで、患者はX染色体を一つしか持っていない男性にほぼ限られる。ADA-SCIDよりも頻度は高く、10万人に1人の割合で起きる。

パリのネッカー小児病院で、小児患者の骨髄から造血幹細胞を採取し、そこにレトロウイルスベクターを使って正常型IL2RG遺伝子を導入して、その細胞を体内に注入した。この試験では、11人のうち9人の男児で効果が認められ、当初は「遺伝子治療がまたもや成功例を示した」として世界から注目された。

しかし、移植の3年後の2002年、被験者のうち2人が、血液のがんを発症した。移植当時は生後1か月と3か月だった赤ちゃんが、それぞれ30か月と34か月後に白血病を発症したのだ。2人にはがん治療が施されたが、最初に発症した子はその甲斐なく死亡した。白血病発症者はさらに続き、2005年には移植後33か月経った男児に、2007年には移植後68か月、つまりなんと6年近く経った男児に白血病が起きた。2007年に英国で実施された同様の臨床試験でも、10人の被験者のうち1人(3歳)が白血病を発症したと報告されている。

詳細な調査の結果、遺伝子治療と白血病の因果関係がわかった。一般には、レトロウイルスゲノムのRNAは、DNAに逆転写(DNAからRNAが転写されるのと逆の反応)されてから、ヒト細胞のゲノムにランダムに組み込まれると理解されていた。しかし、治療に使われたレトロウイルスベクターに由来するDNAは、LMO2やCCDN2というがん関連遺伝子の近くに挿入されており、その結果、造血幹細胞から生じたT細胞をがん化させたことがわかった。つまり、これらの臨床試験では、レトロウイルスベクターによる造血幹細胞への遺伝子導入が、白血病という重大な副作用を起こしてしまったのである。

患者はもともと免疫不全であることもあり、いったんがんが発症すると進行が速い。そして、一度体内に導入された遺伝子を除くのは困難だ。遺伝子導入細胞移植後、6年近くも経過してから副作用が起きたケースに象徴されるように、ヒトでの遺伝子改変の臨床でのリスク予想は難しいことがまざまざと示されたことになる。

こうして、遺伝子治療にはその後、世論や規制当局の厳しい目が向けられ、その開発のペースは停滞していく。

2　実例とリスク評価の問題

世界初のゲノム編集治療

このように、ゲノム編集を用いない、従来の遺伝子治療がたどってきた道のりは、けっして平坦ではなかった。では、ゲノム編集治療はどうだろう。実例をみてみよう。

2014年、米国のペンシルバニア大学から、世界初となるゲノム編集治療の臨床試験の結果が報告された。それはエイズの治療試験であった。

先述のように、ゲノム編集では、ゲノムの狙ったところに外来遺伝子を導入することや、ゲノム中の狙った遺伝子の変異を修復したり、破壊したりすることができる。このエイズ治療の臨床試験では、ある遺伝子を意図的に〝破壊〟した。生体外ゲノム編集治療のアプローチをとって、エイズ患者の体内からT細胞を採取し、ZFNを使って遺伝子破壊細胞を作り、患者体内に戻したのだ。

なぜ、遺伝子を「破壊」することが治療に有効とみなされたのか？　それに答えるには、あるエイズ患者に起きた数奇な出来事に触れなければならない。

ティモシー・ブラウンは、ベルリンに住んでいた1995年、エイズに感染していると診断された。彼は何年か抗ウイルス薬を服用して免疫の低下を抑えていたが、白血病も発症してしまった。そこで白血病に対する化学薬剤も服用していたが、運よく移植型が適合するドナーが見つかったため、2007年、造血幹細胞の移植を受けることができた。その効果は文字通り、素晴らしかった。なんと白血病が治っただけでなく、エイズウイルスも体内から検出されなくなったのである。その状態は、これまで10年近く続いている。

ブラウンがエイズを克服できた理由は、彼に移植された造血幹細胞にあった。造血幹細胞の提供者は生まれつき、細胞表面タンパク質であるＣＣＲ５の遺伝子にΔ32変異（一種の欠損変異）を持っていたのだ。ＣＣＲ５は、エイズウイルスが免疫の司令塔であるヘルパーＴ細胞への侵入に使う入口で、侵入を許せばヘルパーＴ細胞は破壊されてしまい、免疫不全となる。ブラウンに移植された造血幹細胞は、白血病を克服する効果をもたらしただけでなく、体内にいたエイズウイルスの侵入にも抵抗する力を与えたのだ。彼は奇跡の〝ベルリンの患者〟と呼ばれるようになった。

しかし、エイズ患者なら誰でもこの方法の恩恵を受けられるわけではない。なぜなら、個々の患者に移植型が適合するドナーが見つかること自体が極めてまれであり、見つかったとしても、そのドナーがＣＣＲ５Δ32変異を持っているとは限らないからだ。

ならば、各々のエイズ患者を〝ベルリンの患者〟に変身させよう、というのが、世界初のゲノム編集治療の目標だったのである。ゲノム編集によって、患者自身のヘルパーＴ細胞にＣＣＲ５Δ32変異と同様の効果を持つ変異を入れて、エイズウイルスに対する抵抗性を持たせようという発想だ。この臨床試験の主目的は安全性を評価することで、12人の患者の協力を得た。患者からＴ細胞を採取し、ＺＦＮ処理で11〜28％の細胞に変異が入ったことが確認されると、そして変異の入った細胞はそれぞれ約１００億個に増やされたのち、患者体内に戻された。そしてその後1年余り、経過が追跡調査された。

その結果、この遺伝子改変細胞の移植は、直接患者らに害を与えることはない、つまり安全であると結論された。その上さらに、興味深い兆しも見えた。患者の体内のヘルパーＴ細胞の数は、移植前は中央値で４４８個／㎣であったのが、移植1週間後には１５１７個／㎣（うち、ＣＣＲ５が破壊されたＴ細胞は２５０個／㎣）に増加していたのだ。また、エイズウイルスのゲノムＲＮＡは、ほぼすべての患者で減少に転じたという。移植した遺伝子改変Ｔ細胞はいずれ自然と細胞死してしまうので、ＡＤＡ－ＳＣＩＤに対するストリムベリスのように、Ｔ細胞ではなく造血幹細胞でＣＣＲ５を破壊して移植すれば、将来、エイズ患者への有望な治療法になるかもしれない。

以上のように、世界初のゲノム編集治療の臨床試験は、今のところ成功しているように見える。では、この先も問題が生じるリスクはないのだろうか。

まず課題として挙げられるのは、このエイズ治療試験では、移植した細胞におけるＣＣＲ５の変異の程度は確認されたが、オフターゲット変異は調べられていないということだ。また、追跡調査期間も1年余りだ。5年くらいは様子を見る必要があるかもしれない。というのも、ゲノム編集治療も、遺伝子改変技術を人に適用するという点では、従来の遺伝子治療と同じなのである。X‐SCIDに対する遺伝子治療の臨床試験で起きたような重大な副作用が、数年経ってから起こるかもしれない。

オフターゲット変異はなぜ調べられないか

この生体外ゲノム編集治療は、移植する遺伝子破壊T細胞数を段階的に増やす第一相試験も終わっており（サンガモバイオサイエンス社によって実施された）、近く論文で報告されるだろう。さらに米国では、後継となる4つの臨床試験が進行中だ（表5）。

ただ、2014年に終了した最初の第一相試験の報告では、遺伝子を破壊したT細胞について、オフターゲット変異の調査はしていなかった。もしオフターゲット変異ががん関連遺伝子に入ってしまった場合、X‐SCIDのような重大な副作用が起きる恐れがある。なぜ、オフターゲット変異は調べられなかったのだろうか。

ペンシルバニア大学やサンガモバイオサイエンス社はおそらく、臨床試験に先立って、ヒトの培養細胞を使って行われた基礎研究でのデータを提示して、オフターゲット変異のリスクの程度を説明したのだろう。この研究成果を報告する論文では、彼らがCCR5を標的とするようにデザインしたZFNで、標的外のCCR2遺伝子に5・4%、ABLIM2遺伝子で0・

表5　生体外ゲノム編集治療の臨床試験

試験段階(年)	実施者	対象疾患(患者数)	介入内容
第一相(2009-2013)	ペンシルバニア大学(米国)	エイズ(12)	ZFNでCCR5遺伝子を破壊した自家ヘルパーT細胞の移植. ZFNはアデノウイルスでT細胞へ導入
第一相(2009-2014)	サンガモバイオサイエンス社(米国)	エイズ(19)	投与細胞は上記試験と同じで, 移植細胞数を段階的に増加
第一相, 第二相(2011-)	サンガモバイオサイエンス社(米国)	エイズ(26)	投与細胞は上記試験と同じで, 移植前に抗がん剤を段階的に増加
第一相, 第二相(2014-)	サンガモバイオサイエンス社(米国)	エイズ(12)	投与細胞は上記試験と同じで, 細胞移植を繰り返し行う. ZFNはmRNAの形で電気穿孔法で導入
第一相(2015-)	ペンシルバニア大学(米国)	エイズ(15)	投与細胞は上記試験と同じで, 移植前に抗がん剤投与の有無の試験区を設ける
第一相(2015-)	シティオブホープ医療センター(米国)	エイズ(12)	ZFNでCCR5遺伝子を破壊した自家造血幹細胞の移植. ZFNはmRNAの形で電気穿孔法で導入
第一相(2016-)	四川大学(中国)	転移性肺非小細胞がん(15)	IL-2の投与下で, クリスパー・キャス9でPD-1遺伝子を破壊した自家T細胞の移植数を段階的に増やす
第一相(2016-)	北京大学(中国)	浸潤性膀胱がんステージ4(20)	上記に同じ
第一相(2016-)	北京大学(中国)	前立腺がん(20)	上記に同じ
第一相(2016-)	北京大学(中国)	腎細胞がん(20)	上記に同じ

005%の頻度でオフターゲット変異が入ったと、リスクの程度が明らかにされている。そしてその論文中では、実際にこれらの遺伝子にオフターゲット変異が入ったとしても、重大な問題が起きそうもないことも言及されている。

しかし実際のところ、オフターゲット変異を調べずに細胞を移植しても全く患者に健康問題が起きないのかどうかについては、複数の試験の経過を待つよりほかはない。想定される問題は、患者一人一人のSNPの違いで基礎研究では把握できなかったオフターゲット変異が起きることだ。基礎研究の段階でDNA切断酵素のガイド分子は研究者が共有しているヒトゲノム情報に基づいて設計している。しかし、そのリファレンスゲノムと個々の患者のゲノムはSNPで細部は異なっているだろう。そのため、想定外のオフターゲット変異が起こるリスクがある。その点ではやはり、患者に遺伝子破壊細胞を移植する前に、オフターゲット変異の調査ができるのであれば行うべきではないだろうか。

もっとも、実のところそれも簡単ではない。時間がかかってしまうからだ。FDAは、移植する細胞の体外での培養期間が4日間を超えると、臨床試験の実施について厳しい審査をすることになっているという(日本学術会議「医学・医療領域におけるゲノム編集技術のあり方検討委員会」第二回委員会、東京都医学総合研究所・宮岡佑一郎リーダーによる説明)。臨床試験において、エイズ患者からT細胞を採取し、ZFNで処理した後、CCR5に目的の変異が入ったかは簡単に調べることはできるが、全ゲノム配列を解析して、重大な健康被害を与える恐れがあるオフターゲット変異の有無を詳細に調べるのは、最新のDNAシーケンシング技術を使っても4日間では不可能である。そこで、彼らはおそらく、エイズ患者の症状をふまえて、「この遺伝子改変細胞の投与がもたらすと期待される治療効果(それも〝ベルリンの患者〟という生き証人がいる)は、推定されるリスクの程度を凌ぐ」とうまく説明したのだろう。そのような説明は、倫理委員会での臨床試験の審査でも基本的には通るのだ。

PD-1遺伝子を破壊する

生体外ゲノム編集治療としてはこのほか、PD-1という分子の遺伝子を破壊したT細胞を体内に移植するというがん治療の第一相試験が4本(難治性肺がん、前立腺がん、膀胱がん、腎細胞がん)、進行中だ(表5)。これらの試験は2016年、中国で立て続けに開始された。ゲノム編集の手法としては、クリスパー・キャス9を使っている。

PD-1とは、近年、数千万円もの医療費が大きく話題となっているがん治療剤「オプジーボ」が標的としている分子だ。T細胞はがん細胞を攻撃しようとするが、がん細胞の表面にある分子は、T細胞がもつPD－1分子と結合することで、T細胞を無抵抗にしてしまう。そこで、タンパク質製剤であるオプジーボは、T細胞にあるPD－1に結合して、がん細胞とT細胞の結合を妨害する。するとT細胞が再活性化し、がん細胞を効果的に攻撃できるようになるというわけだ。

中国で開始された先述の4試験は、T細胞のPD－1遺伝子を壊して、がん細胞による抵抗自体を回避し、T細胞にがん細胞を攻撃させようとするものだ。これはオプジーボのメカニズムを参考にしているとみられ、一見、合理的にみえる。実際、遺伝子組み換えによってPD－1遺伝子を破壊したマウス新生仔では、強制的に敗血症(感染が制御不能となることに起因する臓器障害)を起こした後でも生存率が高まるという報告もある。

とはいえ、PD－1は免疫にかかわる因子であるため、その遺伝子の破壊は「両刃の剣」となる可能性もある。オプジーボはタンパク質製剤であるため、代謝されれば効果は弱まる。しかし、遺伝子を破壊されたT細胞は、がん細胞を攻撃し続けるだろう。もし、その攻撃の矛先が正常な細胞に向けられたら大変なことになる。実際、PD－1の変異と、多発性硬化症など自己免疫疾患との関連を示す論文は多い。

今回の中国の4試験には、肺非小細胞がんや膀胱がんのステージ4など、既存医療では有効策が乏しい疾患を対象としているものもあり、ゲノム編集細胞の投与の利益はリスクを概して上回っているようにみえるが、今後慎重に経過を見守る必要があるだろう。

生体内ゲノム編集

一方、生体内ゲノム編集については、少なくとも4本の臨床試験がある（表6）。いずれも2016年、あるいは2017年に開始されたばかりだ。

米国ではサンガモバイオサイエンス社が、ZFNを用いた第一相試験を3本進めている。血友病B（先天性止血異常の一つ）およびムコ多糖症Ⅰ型、Ⅱ型（先天性のムコ多糖代謝異常症）の患者の肝臓に、正常遺伝子を導入する試験だ。血友病は、血液製剤を投与すれば生活していけるが、継続した投与が必要だ。ZFNで導入された血液凝固因子の遺伝子がうまく機能すれば、もう投与の必要はなく、生活の質の向上が期待できるようになる。様々なタイプがあるムコ多糖症は、Ⅰ型、Ⅱ型、Ⅳ型、Ⅵ型の酵素製剤が承認になっているが週に一度、5時間くらいかかる点滴投与が必要だ。ムコ多糖が体内に蓄積することで全身の臓器に障がいがおよび、症状が進行していくが、早期に診断された患者については、ゲノム編集で正常型遺伝子を導入すれば、進行を止めることができるかもしれない。

表6　生体内ゲノム編集治療の臨床試験

試験段階(年)	実施者	対象疾患(患者数)	介入内容
第一相(2016-)	華中科技大学(中国)	子宮頸の前がん病変部位(20)	子宮頸部のがん細胞に座薬でプラスミドに搭載したZFNを導入し，ヒトパピローマウイルスを駆除する
第一相(2016-)	サンガモバイオサイエンス社(米国)	血友病B(9)	静脈注射で，ZFNを搭載したアデノ随伴ウイルスベクターを肝臓に送り，アルブミン遺伝子に正常型FIX遺伝子を挿入
第一相(2016-)	サンガモバイオサイエンス社(米国)	ムコ多糖症Ⅰ型(9)	上記と同様にZFNを肝臓に送り，アルブミン遺伝子に正常型IDUA遺伝子を挿入
第一相(2017-)	サンガモバイオサイエンス社(米国)	ムコ多糖症Ⅱ型(9)	上記と同様にZFNを肝臓に送り，アルブミン遺伝子に正常型IDS遺伝子を挿入

これらの臨床試験では、正常型遺伝子を導入する際、改良型アデノ随伴ウイルスベクターを使う。このベクターは、アデノウイルスベクターのように、体内に投与しても免疫反応を引き起こしてしまうことはほとんどなく、またウイルスの遺伝子を欠損させることで、レトロウイルスベクターでみられるような、ウイルスDNAのヒト細胞ゲノムへの挿入はあまり起こらない。つまり生体内ゲノム編集にうってつけのベクターと言える。これを使って、患者の肝臓にZFNを送り込み、一部の肝細胞で一過的にDNA切断酵素を作らせて、HDRで正常型遺伝子を導入する。

従来の遺伝子治療と異なり、ゲノムの狙った部分でDNAを切断できるゲノム編集では、どこに正常型遺伝子を挿入するかを予め決める必要がある。サンガモバイオサイエンス社は、血液凝固因子やムコ多糖代謝酵素の遺伝子を、幹細胞のアルブミン遺伝子に導入することにした。アルブミンは血清タンパク質の６割を占めるので、肝臓の一部の細胞でアルブミンが作られなくても、健康に問題はないだろうと考えたようだ。

私は、ワシントンで開催された国際ヒト遺伝子編集サミットの夕食会でたまたま、サンガモバイオサイエンス社の研究者と同席した。彼は、「肝臓のアルブミン遺伝子座は、ゲノム編集で正常型遺伝子を入れるのにうってつけだ。パソコンのＵＳＢポートにメモリスティックを抜き差しするようなものだ」と語っていた。ただ、これはやや自信過剰かもしれない。臨床試験はまだ中途であり、これらの遺伝子導入が重大な副作用をもたらすことが本当にないのか、第一相試験を見守っていく必要があるだろう。

最後に紹介する生体内ゲノム編集治療は、中国の華中科技大学が進めている第一相試験だ。この試験では、初期の子宮頸がんを対象にして、ヒトパピローマウイルス（ＨＰＶ）を駆逐する治療の開発を目指している。具体的には、子宮頸部に座薬をおき、プラスミドに搭載したＺＦＮを患部細胞に導入させ、ＨＰＶウイルスゲノムを切り刻み、駆除しようというものだ。

しかしこの試験については、利益とリスクのバランスが悪いようにみえる。初期の子宮頸がんは、手術による切除、放射線治療、抗がん剤と、治療法としてすでにいくつかの選択肢がある。このように他の選択肢がある疾患に、まだ萌芽期の治療法を試すという臨床試験は通常、倫理委員会で大いに議論されるところだ。

タレンでの治療例

以上で取り上げたゲノム編集治療の臨床試験ではZFNとクリスパー・キャス9が使われていたが、タレンも臨床で使われている。

2015年、英国で、タレンを用いた生体外ゲノム編集治療が赤ちゃんの命を救ったというニュースが世界を駆け巡った。ライラ・リチャーズという、2014年生まれの女の子である。ライラは生後3か月の頃、急性リンパ性白血病を発症していることが判明した。この白血病では、未熟な白血球ががん化して骨髄に溜まっていく。ついには骨髄で正常な血球細胞がほとんどがん細胞に入れ替わり、がん細胞が全身に回るようになると、臓器を損傷して命を脅かす。高用量の化学療法が何度も行われたが、病状は好転しなかった。

そこで、病院で緊急の倫理審査委員会が開催され、「特別治療」として、タレンで遺伝子改変された特別なT細胞の投与が承認されたのである。利用できる医療は全て試されており、ライラにとって、遺伝子改変T細胞の投与の利益は、実験的な医療のリスクを上回ると判断されたのだ。

わずか1mlの遺伝子改変細胞は、カテーテル経由で、ほんの数分で注入された。そしてその2か月後、彼女の体内からがん細胞は消え去り、血液細胞の数も増えて、退院することができるようになった。奇跡的なストーリーである。

このケースは二つの意味で特殊だ。一つには、投与されたのが他人由来のT細胞だったということ。これは、彼女には高用量の化学療法が何度も行われていたため、もはや彼女自身のT細胞を採取するのは難しかったからだ。そしてもう一つには、移植されたT細胞は、がん細胞のCD19を認識するキメラ抗原受容体(CAR)の遺伝子が導入されていたほか、タレンで二つの遺伝子破壊が施されていたということだ。服薬している化学薬剤に対する耐性をT細胞に与えるためのCD52遺伝子破壊と、T細胞が、正常細胞は相手にせず、がん細胞のみを攻撃するように仕向けるためのT細胞レセプター遺伝子破壊である。つまり、他者由来のT細胞であるばかりか、タレンで多重ゲノム編集されたという意味でも、特別な細胞であったのだ。まさに実験的な医療だが、1人の幼い命を救ったのは事実だ。

しかしこのケースでも、ライラに投与されたT細胞のゲノム編集にともなうオフターゲット変異はどの程度調べられたのだろうか、という懸念は残る。

評価のコンセンサス

従来の遺伝子治療は、基本的には遺伝子導入に基づくものだった。それに対し、ゲノム編集治療は遺伝子導入にとどまらず、遺伝子破壊にも治療アプローチの範囲を広げた点が興味深い。しかしその一方で、ゲノム編集治療においては、オフターゲット変異を評価する手順などのコンセンサスがまだない。

培養細胞を用いた実験では、ゲノム編集酵素が誤って一本の染色体上で二か所を切断してしまった場合、染色体が一部欠損したり、方向が入れ替わって再度結合することで、一部が「逆位」の状態となった染色体が生じたりすることがわかっている。また、二本の染色体が切断されると、断片を入れ替えて再度結合してしまう「転座」という異常が生じることもある。こういった染色体異常が生体内ゲノム編集で起きるリスクはある。

生体内および生体外のゲノム編集のいずれにおいても、とても小さいオフターゲット変異は、SNPや培養突然変異と区別がつけづらい。しかし、そうしたオフターゲット変異のリスクの評価法も、これまでにたくさん提案されている。方法はたくさんあるのに、コンセンサスはないのである。2015年、ゲノム編集技術の開発で著名なキース・ジョン教授（米国マサチューセッツ総合病院)は、ネイチャー誌上の寄稿で「オフターゲット変異の評価法の体系を作ろう」と呼びかけたが、その後、そのようなコンセンサスを目指す動きがないまま、次々と臨床試験が開始されている。このまま臨床試験が増えていけば、かつてのX-SCIDの臨床試験のような事故が起き、安全性への懸念の増大や、規制当局の態度の硬化につながる恐れがある。ゲノム編集治療の開発は急速に進んでいるが、いま重要なのは、国内外の研究者が協力して、オフターゲット変異のリスク評価法を体系立て、広く合意された形で臨床応用をしていくことではないだろうか。

3　手の届く医療となるか

最初の承認は中国か

では、ゲノム編集治療は近い将来、規制当局の承認を得ることができるだろうか。

ゲノム編集を用いない従来型の遺伝子治療の承認数がまだ10もない状況で、ゲノム編集治療の将来を推定するのは難しい。ただ、最初の承認国は中国になるかもしれない、という見通しはありうる。というのも、先述のように、世界初の遺伝子治療製剤は、2003年に中国で承認された、がん遺伝子治療製剤ジェンディシンであったからだ。目下、中国におけるゲノム編集治療の臨床試験は全てがんを対象としていることから、世界初のゲノム編集治療製剤としては、中国の、がん治療を目的としたものが承認されるかもしれない。

ただし、中国における新しい医療の評価基準は、欧米や日本のそれとは少し異なっている。ジェンディシンについては、他国の専門家はその有効性を疑問視した。これは、中国での臨床試験で安全性と有効性が評価されたといっても、その第三相試験の被験者はたった69人であり、試験の規模が十分でないとみなされていることが大きい。実際、ジェンディシンについては欧米で第三相試験まで実施されたが、承認には至っていない。大阪大学の金田安史教授(遺伝子治療学)も、ジェンディシンについては「国際的な基準にのっとって開発されたものではない」という見解を示している。

高額な治療費

仮に規制当局の承認が得られたとしても、一般の患者の手に届く医療になるかは未知数だ。例えば、従来の遺伝子治療では、「グリベラ」の例がある。これは脂肪代謝酵素欠損症に対する生体内遺伝子治療製剤で、2012年にEUで承認された。しかし、ドイツで薬価申請が行われたものの、結局、たった1人の患者の治療に使われたのみだ。その理由は、高額な治療費にある。1人あたりの治療費は、90万ユーロ（約1億800万円）と報道された。高額の薬剤として、世界新記録を作ってしまったのである。

先述のストリムベリス（ADA－SCIDに対する生体外遺伝子治療製剤）についても、製造元のグラクソ・スミスクラインは、1人あたりの治療費について「66万5000ドル（約7400万円）を予定している」とコメントした。

ちなみに、日本では遺伝子治療の承認例はないが、いくつかのがんクリニックは、中国からジェンディシンを輸入し、治療に提供している。ただ、保険適用にはならないため、自由診療の枠組みで、治療費は300万〜500万円ほどかかると聞く。しかも最近、費用に見合う効果はなかったとして、患者遺族とクリニックの間で訴訟問題も起きている。

先端医療のコスト

このような状況をみて、遺伝子改変を伴う医療の適正なコストはどうなっているのだろうか、と疑問を感じる方もいるかもしれない。

概して先端医療のコストは高い。上述したオプジーボがいい例だ。この画期的ながん治療薬の名前は、国家財政に〝危機〟をもたらしかねないと懸念を呼んだことで有名だ。非小細胞肺がんの場合、体重60キロの成人に1年間継続して投与されたとき、そのコストはおよそ3500万円と試算された。この薬剤はタンパク質製剤のため、化学薬剤よりも調製コストが高くなるのはやむを得ないが、これだけの高コストとなる主な理由は別にある。

まず、オプジーボは、他国に先駆けて日本で初めて薬価申請があったため、他国のコストを参考にして薬価を決めることができなかった。オプジーボの1錠(100㎎)のコストは、日本では73万円、後で承認になった米国では30万円、英国では14万円だ。また、オプジーボは、当初は一部の希少な皮膚がん(国内患者数約470人)の薬剤として承認されたことも影響している。患者数が少ないなかで研究開発費を回収するため、製造元の小野薬品工業は、高薬価の計算法でプライスタグをつけたのだ。しかしその後、オプジーボの適応範囲は肺がんにも拡大され、高い薬価が社会保障費を圧迫する可能性がいよいよ現実味を帯びてきた。結局、国は2016年末、たった一つの薬剤が国民皆保険制度を破綻させることを避けるべく、2017年2月からオプジーボの薬価を半額にすることを決定したのである。

全国民が公的医療保険に加入し、お互いの医療費を支え合うという日本の国民皆保険制度は、世界でも優れたシステムであり、今後も維持されるべきものだ。しかし、薬の値段をつける方法を本格的に見直さないと、日本発のｉＰＳ細胞やゲノム編集治療のような先端医療が人々に届く日はなかなか来ないであろう。オプジーボをめぐる混乱は、先端医療の値付けにおいて、今後も問題が起きそうなことを予感させる。現在の国のやり方、すなわち「企業がつけた薬の値段をもとに、他国における同様の薬の価格を眺めてから、最終的に価格を決定する」という方法は、国として自立的に価格を決定しているとはいえないのである。

もっとも、この点は国も理解しているようで、英国の国立医療技術評価機構（ＮＩＣＥ）が採用している、「費用対効果」に基づく薬価算定方式の導入の可能性を検討している。効果や副作用などのデータから、価格に見合う価値があるか見極めることをベースにした計算方式だ。

とはいえ、この計算方式とて万能ではない。ＡＤＡ‐ＳＣＩＤのような先天性の難病、つまり「生まれつき病気を持っていて、遺伝子治療しか命を助ける手段がない」という場合、本当に適切に計算できるだろうか。

例えば、先述のストリムベリスの７４００万円というコストは、命が助かるのであれば安いとみる人もいるだろう。しかし、この遺伝子治療製剤のＥＵ申請にあたり、製造元のグラクソ・スミスクラインはイタリアの保険当局に薬価申請しているが（イタリアの研究機関から臨床試験データの提供を受けたため）、当局は現在のところ、「もし使って効果が出なかったら、全額企業が返金する方式にしろ」と主張している。また、グリベラの薬価申請はドイツの保険機関に対しておこなわれたが、交渉はなかなか進まず、結局、治療費1億800万円が払われたのは患者1名だけであった。

ゲノム編集は、エイズやがんのほか、単一の遺伝子の変異による疾患(単一遺伝子疾患)の治療においても有効だろう。そうした単一遺伝子疾患は、4000種類から1万種類もあるとみられ、これらに対するゲノム編集治療製剤を次々と承認していけば、社会保障費が確かにパンクしそうだ。各国が、製薬企業に冷たい態度をとるのも理解できなくはない。

一方で、ADA－SCIDのような希少疾患に対する薬剤を喜んで開発する企業は少ない。希少疾患薬はある意味で、製薬企業の社会慈善事業なのだ。国があまりにハードな価格交渉をすると、企業が意気消沈して、希少疾患治療薬の開発から逃げてしまう。

国と企業の薬価のやりとりが難航している間に、先天性の難病の患者たちの生活は悪化していく、あるいは命の終焉がきてしまうかもしれない。ジェンディシンについては、もし国外研究者の評価のとおり、その有効性が不十分なのであれば、その治療費は高いとしかいいようがない。しかし、グリベラやストリムベリスのような薬は、一概に高いといいきれるだろうか。グリベラが対象にする、先天性の脂質代謝異常症の重症患者数は、欧州全域でも27人だ。ストリムベリスが対象とするADA－SCIDを患った赤ちゃんは、欧州で1年に15人が生まれる程度だ。かりに保険が適用されるにしても、各国の財政を圧迫させるほどではないはずである。

それにしても、薬価は安いに越したことはない。国の薬価制度の改革や、企業のコスト削減努力を、各々の国で調和をとって進めていかなければならない。それに加え、研究者も、一流とされる科学ジャーナルにふさわしい論文成果を出すだけではなく、ウイルスベクターや遺伝子改変細胞の管理コストが安くなる技術の開発にも注力することが求められている。

そして、こうした難病治療薬を保険で支えるにあたって、私たち一人一人にも覚悟が問われている。例えば消費税について、8％や10％ではなく、欧州諸国並みの20％程度とする可能性についても、きちんと検討する心づもりがあるかということである。

ゲノム編集やiPS細胞を用いた治療の開発については、日々、新聞やテレビで華々しい研究成果が報道されている。私たちは、そういった先端医療の進展を単に好意的に受け止めるだけでなく、先端医療をどのように社会に組み込むか、その導入モデルはどうあるべきか、考える時期を迎えているのである。

遺伝子ドーピングから、ゲノム編集ドーピングへ?

ところで、ゲノム編集がヒトに応用されうるのは、遺伝子疾患や染色体異常の治療に限らない。この技術は、遺伝子操作によってヒトの体質そのものを変えられる可能性をもつ。

最近、一流アスリートの世界では、目標成績を達成するべく禁止薬物を使うドーピングが大きな問題となっている。せっかく獲得したオリンピックのメダルが、ドーピング禁止のルール違反のため、後で剝奪されるという極めて残念な報道をたびたび耳にする。

フランスでX-SCID遺伝子治療後に白血病発症の事故が起きた2002年、世界アンチ・ドーピング機関(WADA)は、シンポジウム「遺伝子ドーピング」を初めて開催した。その後、WADAは様々なルールを作っていったが、その中で、「身体能力の向上を目的とした遺伝子ドーピングは禁止」という条項を盛り込んだ。WADAは近い将来、遺伝子ドーピングが行われると確信しているのだ。遺伝子ドーピングとは、遺伝子治療のドーピング版である。

しかし、これまでのところ、遺伝子ドーピングでの違反例はないようだ。病気の治療においても、遺伝子治療はまだほんの一握りの承認数しかない状況であるから、遺伝子ドーピングはまだ健康リスクが高く、実際的ではないのかもしれない。

とはいえ、ゲノム編集が登場した今となっては、遺伝子ドーピングはそう遠からず現実の問題となることも考えられる。例えば家畜で研究されているように、ＭＳＴＮ遺伝子にＮＨＥＪで変異を入れればよいのだ。ＮＨＥＪの場合、レトロウイルスベクターなどゲノムに挿入されるベクターを使わず、ｍＲＮＡやタンパク質の形でゲノム編集酵素を導入すれば、遺伝子組み換えでみられるような導入遺伝子は残らない。ドーピング検査をしても、「私は生まれつき、体の一部の細胞にＭＳＴＮ遺伝子に変異がある体細胞モザイクなのだ」と主張されたら、ＷＡＤＡが違反と判定するのは難しいことも想定される。「安全性が高いなら、ゲノム編集ドーピングは思い切って皆に解禁して、純粋に努力と勝負時の駆け引きだけで競技すればいいじゃないか」という意見がでたら、反論できるだろうか。

美容ビジネスとゲノム編集

ＷＨＯ（世界保健機関）の憲章において、健康とは、「単に病気でない、弱っていないということではなく、肉体的にも、精神的にも、そして社会的にも、すべてが満たされた状態にあること」と定義されている。後半の部分に関係が深い医療分野がある。「美容外科」という分野だ。外観を自分が考える美に近づけるために、外科手術などを提供する。ＷＨＯの健康の定義にならえば、「自分がこうありたいという外見に近づき、現在の姿についての不安や苦悩を小さくして、精神的に、そして社会的に満たされた状態となる」ことを助ける医療となろう。

美容外科については、外見に悩む「患者」が施術に伴うリスクを理解し、また保険適用とならない自由診療の費用負担に同意している場合、その実施を容認している国は多い。日本もそうだ。つまり、リスクと費用に同意した上で、患者が最終的に自己決定しているのだから問題ないという考えだ。しかし、この分野は、希望とは違った容貌になってしまうトラブルや、皮膚の壊死、失明といった重大な副作用などトラブルが絶えない。

近年、この分野で、遺伝子治療の提供が近いと議論になっている。米国にあるバイオヴィヴァ(BioViva)社の経営者、エリザベス・パリッシュという人がいる。40代半ばで、会社のホームページを見る限り金髪の美女だ。彼女は2015年9月、南米で肌の抗加齢のための遺伝子治療を受けたと発表した。経営者の自分が実験台となり、遺伝子の導入によって肌の張りを保つ、あるいは肌を若返らせる効果を実証するという。彼女は、ウイルスベクターで2種類の遺伝子を導入する治療を受けた。

導入したのは、テロメラーゼという酵素を誘導する遺伝子と、フォリスタチンというタンパク質を発現する遺伝子だ。染色体には、加齢の時計と称されているテロメアという部分があり、実際に加齢とともに長さが短くなる。テロメラーゼは、このテロメアの長さを伸ばす機能を持つ酵素であり、パリッシュいわく「加齢による体内の幹細胞の減少をくい止める」のだという。一方のフォリスタチンは、筋肥大を抑制するミオスタチン(第2章参照)をブロックするタンパク質で、彼女によれば「加齢による筋肉の減少を抑える」という。

施術の半年後の２０１６年4月、パリッシュは「肌のアンチエイジングにつながる効果があった」とプレスリリースを行った。彼女の白血球を検査したところ、テロメアの長さが6・71kbから7・33kbに、「20歳分」伸びたという。また、太もものＭＲＩ断層図で、「脂肪が減って、筋肉が増えた」と主張している。

この会社のホームページにある解説では論文が多数引用され、科学アドバイザーにハーバード大学医学部遺伝学教授のジョージ・チャーチを迎えていることもあり、科学的な説得力があるようにみえる。しかし、ビジネスのやり方は奇妙だ。規制のきびしい米国のＦＤＡに臨床試験申請はせずに、規制の緩い南米コロンビアで施術を受けている。肌の張りに悩む米国の、あるいはほかの国の患者を南米に案内するという、医療ツーリズムのビジネスプランが透けて見える。

バイオヴィヴァ社のアンチエイジング遺伝子治療において、もし導入遺伝子がランダムにゲノムに挿入されるのであれば、フランスでの遺伝子治療試験における事故のような発がんのリスクがある。ならば、狙ったところに正確に遺伝子を導入できるゲノム編集を売りにしようとする動きが出てもおかしくない。ゲノム編集なら外来遺伝子を導入する必要もない。MSTN遺伝子にNHEJで変異を入れればよいのだ。

老化自体は病気ではない。人に等しく起こる不可逆的な現象だ。しかし、人々が皆そのような考えではないだろう。日本の国民生活センターによると、レーザー脱毛、豊胸、脂肪吸引などの美容医療サービスに関する相談は、2011年度の1560件から2015年度の2090件へと、増加傾向にある。問題はどこにあるのだろうか。医師の技量も関係するだろうが、患者が理想とする美しい姿を達成するまで、様々な美容医療サービスが繰り返し提供されることも大きい。それは、「患者」とされる人々が、病気でもなく、体が弱っているでもなく、精神的に、社会的に満足がいくまで美を追求するからだ。あなたは将来、美容ゲノム編集治療ツーリズムのダイレクトメールを受け取ったら、参加するだろうか。

第4章　ヒトの生殖とゲノム編集

1　生殖細胞の遺伝子改変の意味

２０１５年、世界初の、ゲノム編集を使ったヒト受精卵の遺伝子改変の論文が中国の中山大学グループから報告された。これは受精卵の段階で地中海貧血の遺伝子変異を修復する目的でＨＤＲを試した基礎研究だった。翌２０１６年、またも中国から、ヒト受精卵ゲノム編集の論文が報告された。これは広州医科大学の研究グループが報告したもので、受精卵においてＨＤＲやＮＨＥＪで改変を行い、ＨＩＶ抵抗性をもたらすＣＣＲ５Δ32変異を導入できるか可能性を探ったものだった。第3章で述べた通り、この変異を持った子が本当に生まれればＨＩＶ抵抗性を持つと予想されるが、真意はヒト受精卵で狙ったとおり遺伝子改変できるかゲノム編集を試したかっただけと思われる。もし女性がエイズに感染していても出産を帝王切開で臨めば、母子感染は防止できるとされている。これら二つの論文は別グループによるものであったが、いずれの研究でもクリスパー・キャス9が用いられ、研究者に広く、この第三世代のゲノム編集ツールが行き渡っていることも示された。

これら基礎研究の究極の目的は、体外で受精卵にある遺伝子疾患の変異を修復し、子での疾患発症を予防することと読み取れる。また、二つの研究で使ったのは、不妊治療のため体外受精を行うと数%の割合で生じる、一つの卵子に二つの精子が受精した異常受精卵の一種だ（3PN胚という。図8）。数日で卵割の発生が止まってしまうので、生殖医療クリニックでは破棄される運命だ。2グループは病院の協力を取り付け、この異常受精卵を夫婦から同意を得て提供してもらいゲノム編集実験に使った。正常なヒト受精卵を実験に使う、あるいは研究のために受精卵を作ったわけではなく、異常受精卵を使ったのは一定の倫理的配慮によるものとみられる。また、この実験計画自体もこれら大学病院の倫理審査委員会の承認を確かに受けている。

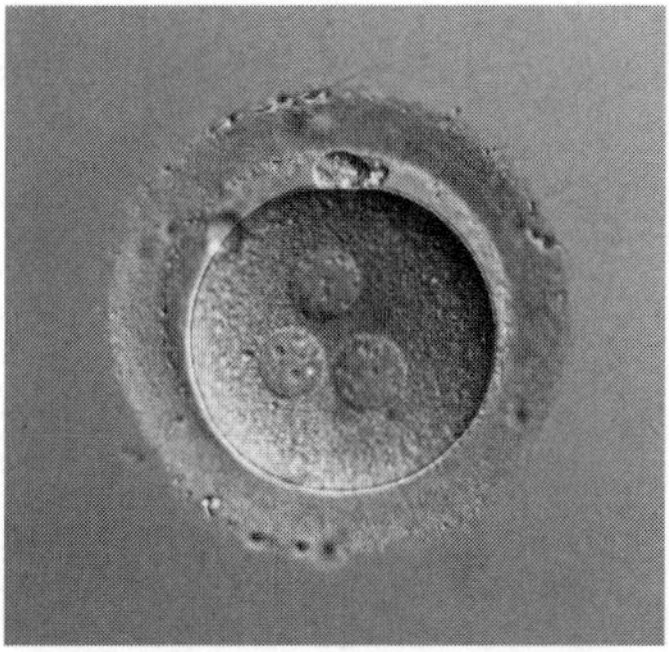
図8　3PN胚（見尾保幸 ミオ・ファティリティ・クリニック理事長提供）

しかし、最初の論文が発表される前からヒト受精卵ゲノム編集の論文発表が近いという噂が流れ、2015年4月18日のオンライン発表とともに、拙速な臨床応用による子への健康被害や、いわゆるデザイナーベビーのような誤用の恐れなど、深刻な波紋を世界的に広げた。米国ホワイトハウスの反応は早く、5月26日に「臨床実施を目的にヒト生殖細胞系列を改変することは現在越えてはならない一線だ」という声明を発表した。米国には遺伝子改変した受精卵を使った生殖医療の実施を禁止する法律はないため、国内研究者に緊急の注意喚起をしたのだ。そして、その年の12月に、全米科学アカデミー、英国王立協会、中国科学院共催による国際ヒト遺伝子編集サミットの開催につながっていった。日本でも主要紙で取り上げられ、またNHKの朝のニュースでも放送された。

振り返ると、ヒト卵子や精子といった生殖細胞、そして受精卵(以下、生殖細胞系列)の遺伝子改変という発想自体は実は遺伝子工学の黎明期からあった。例えば、後にヒトゲノム解析の推進を強く唱えていくロバート・シンスハイマーというカリフォルニア工科大学の遺伝子工学者がいる。1969年の寄稿文の中で、彼は遺伝子組み換えによるヒトインスリン製造の展望を示した後、続けて「人類は自らにデザインされた遺伝子改変を施すことによって、まったく新しい進化の道を辿ることができる」と言及している。シンスハイマーの言葉にはどこかプロメテウスのような恍惚感が認められる。

シンスハイマーの主張を科学的にもう少し考えよう。生殖細胞系列の遺伝子を改変すれば理論的には、生まれる子の全身の細胞にその効果を与えることができる。また、遺伝子改変された子の生殖細胞も遺伝子改変されているから、その子孫にも効果は波及しうる。生まれつき遺伝子変異をもって生まれた人は全身の細胞に遺伝子変異があり、様々な臓器で機能不全が起き、病気を発症していることがある。遺伝子疾患の家系で予め、そういう病気をもって子が生まれることが予想されても、生後、病気を発症してから全身にわたり治療するのは難しい場合がある。であるならば、生殖細胞や受精卵の段階で遺伝子改変をして発症予防するのが最も効果的だという考えだ。

シンスハイマーは進化と言っているが、これはどういう意味か。進化は、ある種の集団において偶発的に起きる突然変異が発端となって起こる。一方、生殖細胞系列に生じる突然変異で降りかかる遺伝子疾患という災いを回避するため、ヒト集団で広く、自らの生殖細胞系列の遺伝子変異を改変するのであれば「新しい進化」という表現になるのかもしれない。

しかし、これまでの遺伝子組み換え技術は非効率的で、正確さに欠ける部分があるため、実際のところ、ヒト生殖細胞などの遺伝子を改変することは極めて困難であった。したがって、ヒト卵子や受精卵を数千個以上用意しなければならないが、倫理的に調達するのは無理があるし、そのような実験計画が倫理審査委員会に認められるわけがない。精子は比較的容易に入手できるが、技術上の問題から目的の遺伝子組み換えを達成するのはほぼ不可能であった。

一方、1990年代からヒトゲノム解析計画が米国、EU、日本のリーダーシップで進められていった。時代は個々の遺伝子から遺伝情報一式であるゲノムに移っていく。その過程で、一部の研究者はヒトの遺伝子を自在に操作できるパラダイムシフトが近づいていると感じたはずだ。事実、1998年、カリフォルニア大学ロサンゼルス校で「ヒト生殖細胞系列の改変」と題したそのものずばりのシンポジウムが開催された。9人の登壇者には進化学者や生命倫理学者も含まれたが、ほとんどは高名な生物医学者で、DNAの二重らせん構造の発見でノーベル賞を受賞したジェームス・ワトソン、ADA-SCIDに対する遺伝子治療試験を率いたフレンチ・アンダーソンなどそうそうたるパネリストだった。当時の記録を読むと議論は技術的困難をよく認識しているものの、ヒト生殖細胞系列の改変の医学的正当性を強調した感が強い。

このシンポジウムに先立つ1997年、高名な臨床医学誌ランセットに米国の生殖医療クリニックの研究者ジャック・コーエンらによる短い症例報告が掲載された。不妊治療のため4回体外受精を受けたが、胚がうまく発生しない39歳の女性の卵子に、27歳女性の卵子から吸い取った約10%量の細胞質を、夫の精子とともに同時に顕微注入したところ、女の子が生誕したと報告した。加齢による卵子の発生能低下が原因の女性不妊の場合、若く健康な女性から卵子提供を受けると、妊娠・出産の可能性が高くなることはよく知られている。コーエンらは卵子の細胞質にその効能があるとみて、この卵子細胞質移植を試したのだ。卵子の細胞質には受精後の発生に備えて10万ものミトコンドリア（エネルギー生産を始め、様々な機能を持つ）が含まれ、この細胞器官は核ゲノムDNAとは別の、独自ゲノムDNAを持つ。コーエンらは出生子が二個人由来のミトコンドリアDNAを受け継いでいる検査結果を明示し、世界初の「生殖細胞系列の遺伝子治療」であると主張した。その出生子の1人、アラーナ・サーリネンという女の子はBBCやニューヨークタイムズなどメディアで度々報じられている。母親、父親、卵子提供者の3人のDNAを受け継いだ彼女は、今のところ、ごく普通のティーンエージャーにみえる。

しかし、1999年頃、コーエンらのクリニックで問題が起きていた。卵子細胞質移植を受けて妊娠した女性の中で、流産したケースが出た。その胎児を検査したところ、ターナー症候群（染色体異常の一種で性染色体がX一つしかない）であることがわかった。別の卵子細胞質移植を受けた女性は双胎妊娠となったが、羊水検査の結果、一胎児は正常の染色体を持つが、別の胎児はターナー症候群であることがわかった。ターナー症候群を持って生まれた人でも社会で活躍している人はたくさんいるが、この女性は、ターナー症候群の胎児については減胎手術（胎児に塩化カリウムを注射し、心拍停止させる）を選び、残る子は無事生まれたという。このクリニックでは卵子細胞質移植で17人の子どもが生まれたが、その規模に比べるとターナー症候群の

2例発生は特定の染色体異常の発生率としては高いようにみえる。さらに、生まれた子の中で発達障害と診断された子も現れた。これらの件は医学誌上での批判だけではなく、米国で社会問題に発展し、2002年、FDAは卵子細胞質移植に関する公聴会を開いた。卵子細胞質移植の公聴会ではコーエンを招き、状況をヒアリングするとともに、生命倫理研究者の見解を聞く機会を設けた。その結果、卵子細胞質移植は体外受精などの生殖医療とは異なり、ミトコンドリアDNAの操作に伴うリスクがあるため、今後医療として実施するのではなく、臨床試験としてFDAに申請するように指導した。

2016年、コーエンらは卵子細胞質移植を経て生まれた17人を追跡調査した結果を論文発表した。報告の中で、彼らは調査結果の信頼性には限界があると言いながらも、10代の子たちに健康面、知能面などで特段の異常はないと主張している。この調査では卵子細胞質移植を受けた13夫婦に参加が呼びかけられ、うち12夫婦は調査に参加した。しかし、卵子細胞質移植で四つ子を授かった1夫婦は繰り返し協力要請したものの、参加しなかったという。この家族は協力を拒むなんらかの理由があるのであろう。

実験的な生殖医療でも、医療者から生殖細胞の遺伝子改変の利益とリスクを説明され、同意するのは、体外受精などの生殖医療と同様に夫婦だ。しかし、これから生まれる子、つまり本人は、リスクが高い医療であるにもかかわらず、同意できない。もし、遺伝子改変の副作用が子に生じたら、この取り返しのつかない結果について、誰がどう責任をとるのか。卵子細胞質移植の一部ケースでは、胎児がターナー症候群であるとわかると、減胎手術が実行された。また、出生した子の中には発達障害と診断された子もいた。これらの結果が卵子細胞質移植の副作用だとする直接の証拠はないものの、この実験的な生殖医療の後に生じた有害事象であることに変わりはない。遺伝子改変が期待とは異なる結果であれば減胎や人工妊娠中絶を行って胎児は殺生すればいいとはとても思えない。医療にはリスクがつきものだから、生まれた子が病気を発症するのも仕方ないと片づけていいとも思えない。この卵子細胞質移植を巡る出来事は、実験的な生殖医療をめぐる生命倫理の問題を提起した。

ゲノム編集が登場した今、生殖細胞系列の遺伝子改変の敷居は確実に下がった。しかし、私たちは、ゲノム編集を生殖医療で使う場合の生命倫理の問題を真摯に考えなければならない。

規制のありかた、各国事情

生殖細胞系列の遺伝子改変をめぐる論争は、これまでたびたび起き、様々な生命倫理の観点で批判されてきた。一部重複があるが、いくつかの見解を紹介する。

まず、そのような遺伝子改変は神を演ずるような行為だという非難が挙げられる(神聖法に基づく見解)。人の生殖は男女の愛情から体内に受精卵が生まれ、着床し、そして発生して子が生まれる。生体外で受精卵を作り、遺伝子工学を使い、狙い通りに遺伝子を変えることは、まったく人智が及ぶところではない(遺伝子治療でさえまだ承認数はごくわずかだ)。また、できそうもないのに強行するのは、賢明でなく、無用で、不道徳な行為だという非難である。

また、そのような遺伝子改変は不自然で行うべきではないという批判もある(自然法による見解)。生殖細胞に突然変異が起きて、新しい形質をもつ個体、集団が生まれ、それが進化の始まりになることもあるが、人が意図的に生み出した遺伝子改変人間の存在自体が不自然だという見解だ。結果より行為そのものに焦点をあて、ヒトという種として意図的に生殖細胞の遺伝子改変を行うこと自体が、ヒトも自然の一部である以上、自然の摂理に反しているという見方もある。

さらに、遺伝子プール論という見解からの反対もある。これは、人の多様性を生み出し、脈々と引き継がれてきた人類共有遺産である遺伝子のプールを人為的に変質させてはならない、というものだ。

自然法は、日本人の私たちにもしっくりくる気がする。ただ、ヒトの自然な状態とは何か、定義するのは難しいように感じる。一方、神聖法からの批判は欧米と比べ、宗教の存在感が薄い今日の日本ではピンとこないかもしれない。遺伝子プールの論点は、遺伝学者からでた見解ではなく、出生前診断で胎児に染色体異常があると人工妊娠中絶が選択される現実もあるなか、机上の空論にみえるという批判を聞いたことがある。

その他の反対理由は、生殖細胞系列の遺伝子改変は、当初は予防医療目的で使われても、ある夫婦が子に持ってほしい外観や、運動能力、知能、特定の傾向の性格など社会的な性質の実現に転用されていき、人間改造がはびこり、社会に重大な害を及ぼすという警告である。いわゆるデザイナーベビーへの堕落の問題である（滑り坂論）。この警鐘が説得力をもって聞こえるか否かは国によって異なる。生殖についての社会ルールがない、あるいは明確な規制がない国では現実的な問題と映るだろう。

ヒトの生殖細胞や受精卵の遺伝子改変の是非に関する議論の結果、次第に断じて許されるべきではないという社会的合意に達する国がでてきた。私が２０１４年に発表した、生殖細胞系列の遺伝子改変の臨床応用に関する調査結果では、調査対象とした39か国のうち、24か国は法的に禁止、４か国は法律よりも強制力が弱いか、改正が容易な指針での禁止、９か国は規制状況があいまいな状態、そして米国は法的規制がないものの、制限している状況である（表7）。

表7　生殖を目的とした生殖細胞系列の遺伝子改変の規制状況（39か国）

法的禁止	カナダ，メキシコ，コスタリカ，ブラジル，フィンランド，スウェーデン，リトアニア，ブルガリア，チェコ，ドイツ，デンマーク，オランダ，ベルギー，オーストリア，スイス，イタリア，フランス，スペイン，ポルトガル，オーストラリア，ニュージーランド，韓国，シンガポール，イスラエル
法的禁止（一部解禁）	英国
指針による禁止	日本，中国，インド，アイルランド
制限的	米国
規制不明瞭	ロシア，アイスランド，スロバキア，ギリシア，南アフリカ，チリ，アルゼンチン，ペルー，コロンビア

特に欧州は、法律で禁止する国が多い。禁止とする法律条文には上述した生命倫理の見地からの批判が見え隠れする。例えば、ドイツ胚保護法は、生殖を目的として、人工的に生殖細胞の遺伝情報を改変する行為、および人工的に遺伝情報を改変した生殖細胞の使用は禁止となっている。生殖細胞といっているが受精卵も概念的には含まれる。法律の名前からわかるとおり、ドイツはかつてのナチスドイツ時代の非倫理的行為を反省し、胚の段階からの人権尊重を謳っている。フランス生命倫理法は、遺伝子疾患の予防や治療といった目的を問わず、ある家系を変える目的で遺伝的形質を変える行為は禁止するとしている。医療目的であっても禁止なのだ。スウェーデンの遺伝学的保全法も「治療目的でも子に遺伝するなら」禁止としている。デンマークの、治療、診断、研究に関連する補助受精法は、

興味深いニュアンスが見られる。受精卵が遺伝子改変され、かつその改変が胚の発生を損なうのであれば、その受精卵を子宮に移植するのは禁止としている。これに近いのはベルギーの体外受精胚に関する法律だ。胚の完全性を損なうような実験的処置をされた胚を人に移植することは禁止するとしている。以上の国々とは少し違うのが、イタリアの医療的補助生殖分野における規制法だ。人工的なプロセスを経て胚や配偶子の「遺伝的遺産」を変更することは禁止するとしている。これは遺伝子プール論を根拠にしていると思われる。

これら欧州の国には、おそらく、キリスト教カトリック教会でみられる、受精卵の段階から道徳的に「人」としてみる考え方が背景にあるのだろう。遺伝子工学を用いた「人」である受精卵への介入や、その影響が子孫に及ぶことが重大な問題だとしている。法律で厳格に禁止しているので、違反すれば、罰金か懲役刑だ。

欧州の中で、いや世界でも特異な位置にあるのが英国だ。英国「ヒト受精・胚研究法」は、明確に、胚、卵子、精子の核ＤＮＡおよびミトコンドリアＤＮＡの改変を禁止している。しかし、ある目的と特定手法によるミトコンドリアＤＮＡの操作については、最近、合法化した。２０１５年、科学的な検討および国内で広く世論を聞き取ったうえで、英国議会は、ミトコンドリア病の母系遺伝を予防する目的で、ヒト卵子間あるいは受精卵での核移植（それぞれ紡錘体核移植、前核移植と呼ぶ）によるミトコンドリアDNAの改変（法ではミトコンドリア提供と呼ぶ）を合法化した。紡錘体核移植は、成熟卵子から紡錘体と呼ばれる構造をとっている核を抜き取り、これを予め脱核しておいた成熟卵子（健康なドナーから提供を受けた）に移植し、顕微授精により発生させる。こうすればミトコンドリア病を起こす変異があるミトコンドリアDNAの大部分を除去できると期待されている。前核移植は、ミトコンドリア病キャリアー夫婦由来の受精卵から核を抜き取り、これを脱核した受精卵（健康なドナーから提供された卵子を用いて作製）に移植する方法だ。この出来事によって、英国は、ある種のヒト生殖細胞系列の遺伝子改変を合法化した世界初の国となったのである。

指針で禁止しているのは、中国、日本、インド、アイルランドだ。冒頭で紹介した通り、これまで世界で2例の、ヒト受精卵ゲノム編集実験を論文報告したのはいずれも中国の研究グループだ。中国では、厚生省「生殖補助技術と精子バンクの技術基準および倫理原則指針」により、生殖を目的として、ヒト配偶子、受精卵、胚の遺伝子を改変することは禁止されている。しかし、生殖細胞系列の遺伝子改変の臨床応用を法律で禁止している欧州の国々の人々から見ると、中国での指針による禁止では、拙速な臨床応用は防げないという懸念もあったであろう。補足すると、中国の指針は、日本の法律並みに違反の場合の罰則が厳しい。研究費の喪失、研究実施資格の停止のほか、場合によっては罰金や失職もありえる。しかし、指針であるので、全国人民代表大会で制定される法律に比べ改正は容易である。

なお、同指針では卵子細胞質や核を移植することも禁止している。２００３年に報告された、不妊治療目的で前核移植を臨床実施したことで起きた社会問題を契機に禁止となった。中国の中山大学病院で（２０１５年、ヒト受精卵ゲノム編集の論文を発表した研究グループもこの大学の所属だった）、不妊治療目的で、不妊女性由来の卵子と若い女性由来の卵子をそれぞれ受精させ、これら受精卵で前核移植を行ったのだ。しかし、3胎妊娠となったが、1胎児は減胎手術で減じられた後、結局残る2胎児も死産となり、大きな非難を受けた。英国で合法化される10年以上前に、すでに中国では前核移植が臨床実施され、問題が起きたことを考えると、ヒト受精卵ゲノム編集の基礎研究論文が発表された際に、中国厚生省指針で禁止されてはいるが、拙速な臨床応用の懸念が世界的に起きたのも頷けるところがある。また、中国の研究者が、世界に先駆けてヒト受精卵ゲノム編集を行った背景には、儒教の影響もあるのかもしれない。儒教は中国の国教ではないが、今でも人々の根底にある考え方に影響をもっているとされている。一部のキリスト教徒が受精の段階から人とみるのとは異なり、儒教では、生まれた後から人としてみられる。

日本では、厚生労働省「遺伝子治療等臨床研究に関する指針」の「第七　生殖細胞等の遺伝的改変の禁止」で、生殖細胞や胚の遺伝子改変を意図して行う、あるいはそういう結果となる恐れがある臨床研究は禁止となっている。この指針に違反すると科研費などの研究費の応募制限などの罰則がある。しかし、中国の指針と比べると明らかに罰則は緩い。

一方、米国については、１９８２年、医学および生物医学・行動科学研究における倫理的問題に関する米国大統領委員会は、ヒトにおける遺伝子改変に関する社会倫理的問題に関する報告(Splicing Life レポート)の中で、遺伝子工学の医療利用については、患者に対する遺伝子治療として開発する段階に入りつつあり、これは利益とリスクのバランスをふまえて実施しうるが、遺伝子改変結果が次世代に遺伝する使い方、あるいは能力向上のために使うことは、その前に特段の慎重な検討が必要であると結論している。つまり、生殖細胞系列の遺伝子改変は安易に進めるのは適切ではないと言っているが、禁止すべきとまでは述べていない。しかし、連邦議会の議員の中には、このような研究の動向を快く思っていない人たちがいたようで、１９９５年に承認された歳出予算案の付加条項(通称、ディッキー－ウィッカー修正箇条)はヒト胚を扱う研究に対する連邦予算からの助成を不可とした。この条項は、以後ずっと効果をもち続け、米国ではヒト胚の基礎研究といえども、民間財団の予算を得ないと実施できなくなった。また、上述のとおり、卵子細胞質移植を巡る問題後、FDAが臨床試験として申請をせよと指導することになった。一方で、NIHの遺伝子治療関連の審査機関もヒト生殖細胞系列の遺伝子改変の臨床研究の申請は受け付けないと言っている。

以上、各国の規制について眺めてきたが、改めて遺伝子改変技術の進歩から考えてみたい。ヒト生殖細胞系列の遺伝子改変の臨床応用に対する規制で考えられてきた技術は、遺伝子組み換え技術と、ミトコンドリアDNAの操作となる卵子細胞質移植、紡錘体核移植、および前核移植である。各国法などで対象とされたこれらの技術にゲノム編集は本当に含まれると考えていいのだろうか。

ウイルスベクターを使う、またHDRで外来DNAを導入するのであれば、含まれるであろう。もしそうでないとしたら、既存規制の対象外となる可能性があるのではないか。クリスパー・キャス9のタンパク質とガイドRNAをヒト受精卵に注入し、HDRで遺伝子変異を修復できれば、その結果は正常型遺伝子だ。これは自然法が言う、「不自然な」状態といえるだろうか。また、私は日本学術会議医学・医療領域におけるゲノム編集技術のあり方検討委員会の委員として、厚生労働省の担当官に、ヒト生殖細胞系列のゲノム編集による臨床研究が計画されたとして、「遺伝子治療等臨床研究に関する指針」の第七の対象外となる可能性について尋ねたことがある。担当官は、ウイルスベクターを使わない、外来ＤＮＡを導入しない、あるいはＤＮＡは含まれるがミトコンドリアを移植するケースは指針の対象外となる可能性があると回答した。ゲノム編集で考えうるケースとしては、タンパク質の形でゲノム編集の人工ＤＮＡ切断酵素を受精卵に導入し、ＮＨＥＪの改変を起こさせる場合である。そして、狙った遺伝子に一部の人々でみられる変異と同じ変異を生じさせることができるなら、これも「不自然な」変異とは言えないのではないか。ゲノム編集は単に、従来技術より高効率で正確な遺伝子改変を可能にしたばかりでなく、生殖を目的としたヒト生殖細胞系列の遺伝子改変の従来の規制枠組みも一部は超えてしまったのだ。

ヒト生殖細胞系列のゲノム編集の3アプローチ

ゲノム編集を生殖医療で使う場合、どのような手順になるかをもう少し詳しく考えてみよう（図9）。大きく分けると、受精直後の一つの細胞の状態の受精卵に人工ヌクレアーゼを注入する方法（図A）のほか、生殖細胞をゲノム編集する方法が考えられる。生殖細胞については、さらに成熟あるいは未成熟の卵子でゲノム編集を行う方法（図B）と、精子幹細胞でゲノム編集を行う方法（図C）に分けられる。

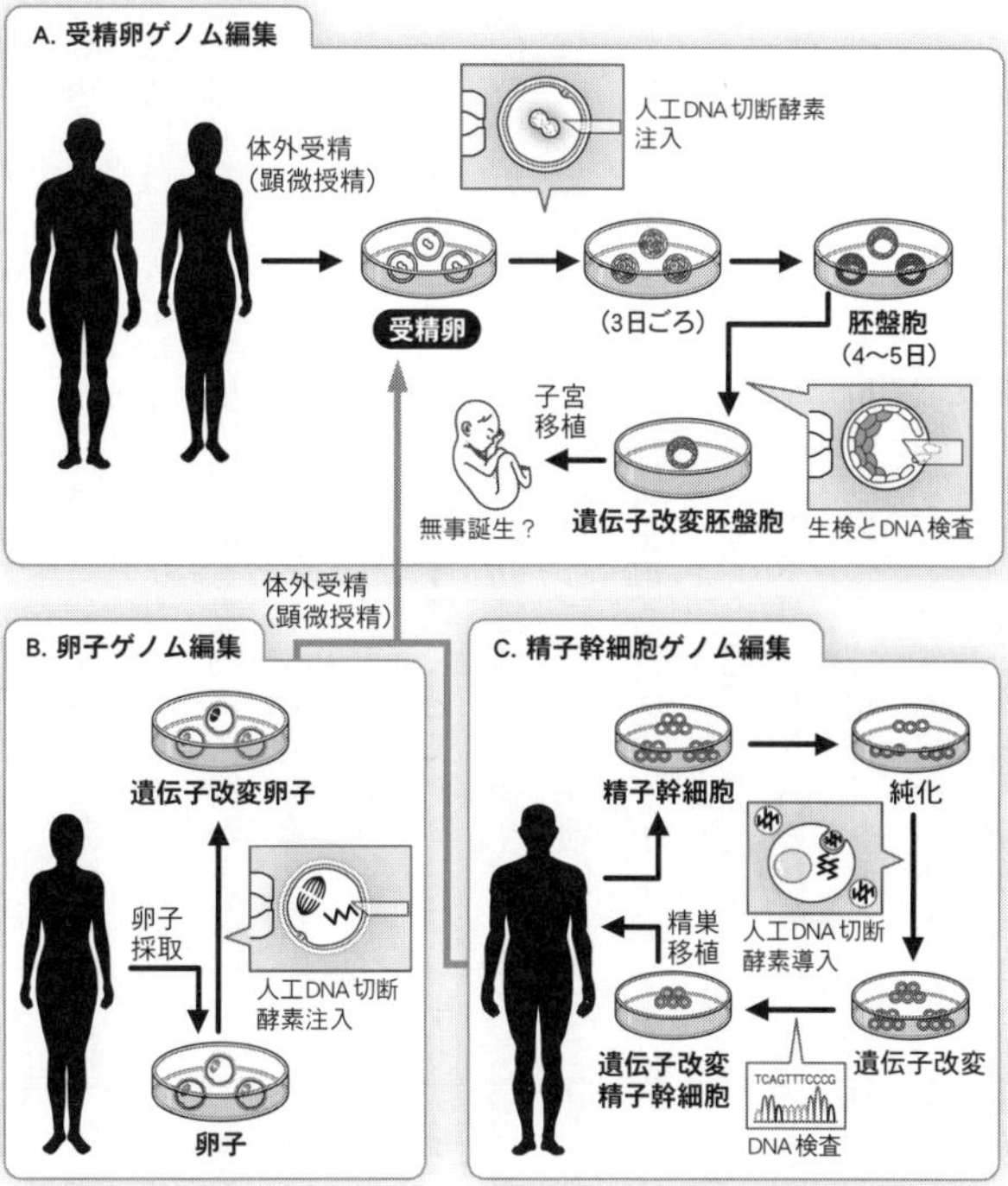

図9　ヒトゲノム編集の3つのアプローチ．©川野郁代

三つのアプローチのうち、これまでの動物ゲノム編集実験の論文報告を見ると、圧倒的に受精卵ゲノム編集(A)が多い。サル、ウシ、ブタ、ヒツジ、ラット、マウスなど様々な動物で報告がある。実際に子宮移植してはいないが、中国から報告された基礎研究においてもヒト受精卵でゲノム編集を行った。生殖細胞でのゲノム編集の論文はぐっと少なくなるが、精子幹

細胞のゲノム編集はラットやマウスで報告があり、実際に遺伝子改変された精子幹細胞をオスの動物の精巣に移植して精子に分化させ、顕微授精を経て仔が生まれている。幹細胞なので、ある程度は培養維持ができるメリットがあり、遺伝子の改変状況の確認時間がとれると思われる。卵子のゲノム編集は、最も動物実験例が少ない。よく知られた例は、マウス卵子のミトコンドリアゲノムを標的とするゲノム編集の論文だ。この研究は、ミトコンドリアを標的とするように設計されたタレン(mito タレンという)を使い、変異があるミトコンドリアDNAだけを切断し、バラバラにして排除することで、ミトコンドリア病の子での発症を予防しようという目的だ。英国で合法化された紡錘体核移植や前核移植は第三者からの卵子提供が必要で、投薬やホルモン注射や膣への針刺しにともなう副作用が起こりうる。また前核移植では、正常なミトコンドリアを含む細胞質を得るため、ドナー卵子を使って作った受精卵(夫婦の受精卵とは違う)を破壊しなければならない。これらの倫理的問題を考えると、ある意味、mito タレンを使った卵子からの異常ミトコンドリアDNAの駆除は、倫理的問題が少ないといえる。生殖細胞については技術的な可能性について追加でふれたい。京都大学の斎藤通紀教授らの研究が有名だが、最近、マウス実験で、iPS細胞から卵子や精子が作られるようになりつつあることが示されている。この人工生殖細胞を顕微授精すると、一定の割合で仔マウスが育つことが実証されている。患者体内に生殖細胞が遺伝的原因で存在しない場合、血液や皮膚の細胞からｉＰＳ細胞を作り、ゲノム編集で遺伝子変異を修復してから、生殖細胞へ分化誘導させるアプローチも考えられる。

どのアプローチをとったとしても、子宮移植の前に、胚から細胞を生検して、ゲノム編集が目的通りにできたか、また重大なオフターゲット変異が起きていないか、着床前診断（ＰＧＤ）で確認が必要だ。ＰＧＤをせずに、ゲノム編集した胚をそのまま子宮移植するのは無謀だろう。精子幹細胞でゲノム編集を行う場合、培養しながらオフターゲット変異を事前に十分に調べられるかもしれないが、培養期間が通常の生殖医療（長くても1週間程度）よりはるかに長くなるのであれば、培養中に変異が入ってしまう恐れがある。精子幹細胞ゲノム編集の場合でも、ＰＧＤは必要だろう。

2　ヒト受精卵の遺伝子改変の是非——サミットでの議論

ゲノム編集技術は第一から第三世代まで主に米国で開発されたことから、米国が、率先してこの問題に取り組む必要があると自覚したのがクリスパー・キャス9の生みの親の一人であるジェニファー・ダウドナ教授だ。彼女は西海岸ナパバレーで、ゲノム編集医療の適切な発展を考える非公開の会議での議論をふまえ、中国の論文が発表になる2015年4月に、サイエンス誌に「ゲノム編集への慎重な道と生殖細胞系列の遺伝子改変」という論文を責任著者として発表している。この論文著者には米国の生命科学のポリシーに大きな影響力をもつ18名が並んでいる。その第一、第二著者は遺伝子組み換え技術の黎明期に開催されたアシロマ会議(研究者らが率先して自ら、生物学的封じ込めなどの実験ルールをまとめあげ、科学史上、重要な功績を残したとされる)を主宰し、まとめ役を担ったポール・バーグやデイビッド・ボルチモア(いずれもノーベル賞受賞者)だ。この論文ではクリスパー・キャス9が世界で急速に普及した現状、この遺伝子工学が、十分な安全性の検証もない段階に、どこかの国で生殖医療に使われてもおかしくないと考え、四つのアクションプランを提言している。第一に、拙速なゲノム編集を用いた生殖医療は控えるべきだという牽制だ。第二に、科学者と生命倫理学者はフォーラムを設け、ゲノム編集医療の可能性と倫理社会的課題を市民によく伝えようという呼びかけである。第三に、生殖細胞系列のゲノム編集を含め、透明性のある基礎研究を進めようといっている。第四に、世界各国から科学者や生命倫理学者の代表を招いた国際会議を開催し、市民団体や、政府機関、当事者団体などの関係者とともにゲノム編集医療の問題を深く検討する機会を設けるという決意だ。

ダウドナは、生殖医療クリニックでのクリスパーの乱用を防ぐ取り組みがすぐに必要だと考え、サイエンス誌上で世界に行動をよびかける論文を発表した。それは科学者としての責任感もあろうが、また、将来のノーベル賞受賞の可能性も考えた上でのことではないか。ノーベル医学生理学賞は倫理的な問題がある医療や技術はなかなか授賞対象とならない。体外受精の開発で有名な英国のロバート・エドワーズ博士の受賞は２０１０年、85歳のときだった。世界初の体外受精児ルイーズ・ブラウンが英国で生まれたのは１９７８年だから32年も経ってからの受賞だ。体外受精で生まれた人たちの健康についての懸念があったが、ルイーズが大きな問題なく人生を歩み、出産した事実などが受賞を後押ししたとされる。

四つ目のアクションプランに沿って「国際ヒト遺伝子編集サミット」の開催が発表された。ゲノム編集ではなく、遺伝子編集という言い方をしたのは、ゲノムという言葉にまだなじみがない人もいることを考えたのだろう。米国は、体外受精など生殖医療の研究開発のリーダーである英国を取り込み、またヒト受精卵ゲノム編集の論文が生まれた中国も巻き込んだ。サミットの準備委員会リストには、ダウドナだけでなく、アシロマ会議を主導したバーグやボルチモアの名前があった。それゆえ、サミットは「第二のアシロマ会議」と呼ばれるようになった。

2015年12月、全米科学アカデミーの壮麗な美術館を思わせる建物でサミットが開催された。米、英、中の3学術団体の関係者のほか、10か国の科学者、生命倫理学者、社会学者、患者団体など関係者合計48人が3日間12のセッションに登壇し、会場の一般参加者とともに、朝は8時から夕方まで、また夜は分科会が設けられ、多角的かつ徹底的に議論した。

この国際会議は学会とは異なり、ゲノム編集の医療応用について一定の国際コンセンサス形成をめざしたもので、来賓として国会議員も参列していた。また討議の状況は世界にインターネット中継され、ツイッターで感想や意見を共有できるように工夫されていた。また、プレスルームが設けられ、世界から集まったメディア関係者と講演者のインタビューも仲介してくれる手筈が整えられていた。

各セッションの座長は担当テーマについて背景情報と論点が提供されるよう講演者を選び、講演内容を事前に調整することが義務付けられていた。私は、カナダの高名な生命倫理学者でダルハウジー大学教授の、フランソワーズ・ベイリスが座長を務める最終日午前のセッション「公正の査問」に、米国の2名の社会学者とともに割り当てられていた。事前の電話会議で、ベイリス教授から「このセッションはヒトゲノム編集が開始されたとき、生じうるマイナスのシナリオに光をあてることが義務付けられている。プラスの側面に言及してもいいが、必ずマイナスの側面を示すように。セッションは90分で、会場との意見交換は45分程度とることがルールとなっているので、1人の発表時間は15分以内とすること」と指示された。自由に発表できる学会とは全く違う設計なのだ。

サミットでは、体細胞ゲノム編集治療についても議論が設けられたが、大きな注目が集まったのはやはり生殖細胞系列のゲノム編集の臨床応用だ。この件については、講演者は推進派、慎重派、反対派と分かれた。講演の動画やスライドは全米科学アカデミーのウェブサイトで観ることができる(http://nationalacademies.org/gene-editing/)。以下、推進派と反対派の演者の一部について紹介する。

ピッツバーグ大学の有名な生殖医学者カイル・オーウィグ教授は、明確に、現在の動物実験の知見から考えると、精子幹細胞のゲノム編集で、不妊に関係するY染色体上の遺伝子変異を修復することは大変有望だと述べていた。彼はマウスやラットの睾丸で、蛍光タンパク質で標識された精子幹細胞が緑色に光っているスライドを示しながら、ゲノム編集の卓越した遺伝子改変能力をもってすれば遠くない将来に実行可能だと述べた。彼はげっ歯類動物だけでなくサルでも精子幹細胞の移植実験をしており、説得力を感じた。

幹細胞生物学者として有名なハーバード大学のジョージ・デイリーは、ハンチントン病、テイ＝サックス病、のう胞性線維症など重篤な遺伝子疾患の予防のため、また遺伝子変異が関係する不妊治療のためにヒト生殖細胞系列のゲノム編集を使うことは正当化できると述べた。デイリーの発表で興味深かったのは患者体細胞からｉＰＳ細胞を樹立した後、ゲノム編集を行い、生殖細胞を分化誘導させる過程で、遺伝子改変の品質管理は全うできるという考えである。

より強く正当性を主張したのは、ゲノム工学者を自認するハーバード大学のジョージ・チャーチである。彼はデイリーと同様、ミトコンドリア病の遺伝予防や、近親婚などの理由で夫婦がともに先天性の遺伝子異常を持ち、高い確率で子が遺伝子疾患を発症するケースでの利用が好適だと主張した。また、こういった遺伝子疾患のキャリアーの夫婦にはＰＧＤが選択肢としてあるが、遺伝子変異があると診断された胚を破棄することは倫理的に受け入れられない場合もあろうから、そうした夫婦にとって受精卵などのゲノム編集は魅力的であるはずだと力説した。加えて、体細胞のゲノム編集治療よりも生殖細胞系列の方が遺伝子改変の対象となる細胞の数が少なくていい（理論的にはきちんとゲノム編集できた生殖細胞あるいは受精卵が1個あればよい）からリスク管理が容易だとも述べた。彼の主張は、クリスパー・キャス９を使ったゲノム編集の卓越した遺伝子改変能力に対する大きな自信に基づく。サミット期間中に発行されたネイチャー誌への寄稿でもヒト生殖細胞系列のゲノム編集は法律などで禁止すれば、非合法でデザイナーベビーなどに乱用されるから、全面禁止するのは不適切だと主張した。

科学者だけから賛成意見が表明されたわけではない。生命倫理学者であるマンチェスター大学のジョン・ハリス教授は生殖細胞系列のゲノム編集の臨床応用をめざすべきだと主張した。なぜなら、親はゲノム編集で遺伝子疾患の災難から子を守る道徳上の義務があり、ヒトは自然の一部として翻弄される運命から脱出しなければならない、と主張した。

ジェネティック・アライアンスという世界的なネットワークを有する患者団体代表のシャロン・テリーは、倫理的な問題はあるため、研究開発を止めるのではなく、研究を進めながら考えていくことが今を生きる患者たちの立場から重要だと説いた。

第1日目の夕方に、一般参加の女性が会場のマイクに歩み寄り、「私は子どもを生後6日で失った。遺伝子のほんの少しの塩基がなくなっただけで私の子は死んだ」と述べ、生殖細胞系列のゲノム編集の研究推進を望んだ。勇気あるコメントに対して会場からの惜しみない拍手が送られた。以上のように、最先端の遺伝子工学で、絶望的な遺伝子疾患患者として生まれる運命を無くしていこうという意見を多く聞いた。一部、不妊治療としての応用の可能性に言及する識者もいた。一方で、推進派の見解には、狙い通りに遺伝子変異を修復できない場合についての考えを巡らせる様子は希薄だった。

次に、反対派の意見をみていこう。ロヨラ大学の神学者ヒレ・ヘイカーは、人になる可能性をもつ配偶子や受精卵の遺伝子改変を行うのは血縁があり、かつ夫婦にとって望ましい特徴をもつ子をもつためであろうが、リスクの高い技術で血縁を求めるのは権利とは言えない。まだ生まれていない子はこの行為に同意できないので完全禁止すべきだと主張した。

ＮＰＯ団体、遺伝学と社会センターのマーシー・ダルノフスキー代表は、ヘイカーに似た反対意見だが、彼女は、ヒト生殖細胞系列のゲノム編集を医療として用いるのはそもそも不要であり、社会に危機をもたらすと付け加えた。これは、配偶子提供を受ければこのような遺伝子改変はいらないし、また、そういった医療をいったん開始すればデザイナーベビーのような乱用が社会で必ず始まるという確信であった。

ブロード研究所の所長、エリック・ランダーは、重篤な遺伝子疾患の予防のための利用は考えられると述べたうえで、例えば、夫婦の少なくともいずれかが、常染色体優性遺伝の疾患の変異をもつケースは文献上もごく限られた症例であり、ヒト生殖細胞系列の遺伝子改変を開始するための説得力のある目的でもなく、また目指すべき医療応用でもないと結論した。ただ、彼の研究所にはクリスパー・キャス9の技術を確立したフェン・チャンが所属しており、体細胞ゲノム編集治療開発は唱えているが、生殖細胞系列のゲノム編集は迷惑な分野とみているふしがあることを考慮する必要がある。

私と同じセッションの演者であったプリンストン大学のルーハ・ベンジャミン助教は、遺伝子疾患の遺伝予防のために使われ始めても、いつの間にか、人々がもつ形質が疾患に位置づけられ、ゲノム編集の標的とされていく恐れを強調した。彼女は、おそらくナチスドイツ時代だと思われる、ユダヤ人とみられる人物が鼻をノギスで測定されている写真を示しながら、強力な遺伝子工学ツールであるゲノム編集が、社会でその正当性について十分なチェックを受けずに経済主義で生殖医療において用いられるようになれば、社会で不平等、差別が助長される危険性を強調した。

反対派の意見では、生殖細胞系列の遺伝子改変について、そもそも患者は生まれていないのに、配偶子や受精卵の段階で遺伝子改変を行使する必要性は見出しがたい、夫婦が同意したからといって将来生まれる子にリスクを及ぼす恐れがある行為は容認できない、また、いったん社会で開始されてしまえば本来の医療目的から逸脱して、デザイナーベビーなど社会問題を起こすという理由が多く挙げられた。

サミット最終日の12月3日夕刻、全米科学アカデミーで3日間の議論をまとめた文書が配布された。四つの見解・提案が示された。第一点は、研究ルールを守りつつ、ヒト胚や生殖細胞も含めてゲノム編集の基礎研究をしっかりやっていくべきであると述べている。二点目は、体細胞ゲノム編集治療の開発は遺伝子治療の規制に基づき、あるいは必要に応じて改正などして慎重に進めるべきであるとしている。

三点目は、生殖細胞系列ゲノム編集の臨床応用についてで、最も紙面が割かれている。遺伝子変異を修復する、遺伝子異型をコピーする、あるいはまったく新しい遺伝子改変を施すことによる重症の遺伝子疾患の予防から、デザイナーベビーのような乱用まで様々な利用が考えられるが、以下のような問題点があると述べている。①オフターゲット変異やモザイクの技術的問題が子の健康に及ぼすリスク、②多くのゲノム編集人間が生まれた時、環境と相互作用の中で遺伝子改変が予想しえない影響をこの集団に与える恐れ(例えば感染症にかかりやすい、ある気候では短命となるなどを指していると思われる)、③個人だけでなく将来世代が遺伝子改変を持つ意味を一層考えなければならないこと、④ある集団に遺伝子改変が導入されると、その除去は困難であること、⑤デザイナーベビーのような人間改造への利用が社会格差を招く、また強制的に実施される恐れ、⑥意図的に遺伝子工学を使ってヒトの進化を変えることについての倫理的洞察が必要、と多くの問題を列挙している。その上で、安全性と有効性が確保されておらず、また社会コンセンサスがない段階で臨床応用を進めるのは無責任であると断じている。

四点目は、一層、国際的に話し合いの場を持ち、ヒト生殖細胞系列ゲノム編集の受け入れ可能な利用目的や、ルールの検討、また規制調和について努力するべきであるといっている。全米科学アカデミーのヒト遺伝子編集イニシアチブは、サミットが終わった後も活動を続け、最終報告書をまとめていくという決意表明で3日間の議論を終えた。

さて、上記の四事項のうち、私が最も気になったのは、第一点目である。中国のヒト受精卵ゲノム編集の基礎研究論文が世界的に懸念を呼んだにもかかわらず、なぜ、そのような基礎研究を進めるべきといえるのか大いに疑問を持った。ヒト受精卵を遺伝子改変する基礎研究といっても、大きく分けて中国から発表された論文のように将来の臨床応用を目指すものや、ヒトの初期発生の理解を目指す科学研究もあるが、そういった区別はせずに、サミットまとめでは、一緒くたに進めるべきであるとしている。その直後の2015年12月18日、米国議会で新しい歳出予算案が承認された。その付加条項の一つに、FDAがヒト生殖細胞系列の遺伝子改変の臨床試験の申請があったとしても、その審査に連邦予算を使ってはならないという修正箇条が含まれていた。ディッキー－ウィッカー修正箇条でヒト胚研究への連邦資金による助成は禁止されてきたが、新しい付加条項は臨床試験実施を間接的であるが実質禁止したことになる。これは、全米科学アカデミーが最終報告書をまとめるのはまだ時間がかかることは承知の上で、中国の受精卵ゲノム編集の論文をめぐる世論を考え、国として即座にアクションが必要だと議会が判断したためであろう。この付加条項は、2017年4月まで有効となっており、おそらくディッキー－ウィッカー修正箇条と同様に、議会でよほどの動議がない限り、有効でありつづけるとみられる。つまり、米国では、ヒト生殖細胞系列の遺伝子改変の臨床応用への道は、事実上、完全に断たれたのである。

3　ゲノム編集は「目的」にかなうのか

生殖細胞をゲノム編集する場合、体外受精でつくられる受精卵にその影響が及ぶ。受精卵は、人や胎児とは倫理的に異なる地位にあるが、人の命の萌芽的な存在でもあるため、それに対するDNA操作をどのような目的で行おうとするのか慎重に考えなければならない。

生殖細胞系列ゲノム編集をクリニックで使う医療目的としては、不妊治療と遺伝子疾患の予防がありえる。世界初の生殖細胞系列の遺伝子改変、卵子細胞質移植を思い起こし、不妊治療目的についてまず考える。

不妊治療

ゲノム編集を不妊治療目的で用いる場合、例えば一部の不妊女性の卵子で見られるTUBB8遺伝子の変異（受精はするが数日で発生が止まる）や、不妊の男性に比較的多くみられるY染色体の微小欠損などの修復をめざすことになろう。ゲノム編集を用いて、老化卵子で頻繁にみられる染色体の数や構造の異常を修復するようなことはまだ難しいが、染色体逆位ならメガbp（100万塩基対）ほどのサイズならゲノム中の狙った部分をピンポイントで修復できる可能性はある。しかし、ゲノム編集を不妊治療に用いるのは倫理的見地から正当化が困難である。

体外受精などの不妊治療は、通常、夫婦の同意を得て行われる。体外受精では、薬剤やホルモンの投与後、女性の卵巣から卵子を採取する際の出血や卵巣過剰刺激症候群などのリスクの説明を受ける。一方で、体外受精で作られた胚は母体内と異なり、体外で培養され、それが健康へ影響するなら、子がリスクを負うではないか、子は生まれていないので同意できないのは問題ではないかという意見もあろう。確かに将来生まれる子の同意は取れないが、体外受精の手順自体が、これまでのところ、出生の段階で子の健康に大きな問題は起こしていないというのが医学界の合意だ。世界初の体外受精児ルイーズ・ブラウンは出産も経験し、少なくとも中年までは大きな問題はなさそうだ。こうして生まれた人の壮年・老年期の健康への影響はまだわからないが、そういう未知のリスクも理解しているなら、夫婦の同意でよいとされている。

しかし、不妊治療で広く適用されている夫婦の同意のルールを、ゲノム編集を介する不妊治療に適用するのは無理だ。まず、ゲノム編集は体外受精や顕微授精などの生殖医療と異なり、DNA切断、改変という大きな侵襲を伴う。また、誤って標的外のDNAを切断するリスクもある。不妊治療で夫婦は利益、つまり子の出生を得られるかもしれないが、この場合、子は受精卵の段階でゲノム編集に伴う大きなリスクが押し付けられる。子は卵子細胞質移植で見られたような先天異常や、フランスのX‐SCID遺伝子治療で副作用として生じた発がんのようなリスクを負わされる可能性があるのだ。将来の子の福祉を考えれば、親の同意でゲノム編集を伴う不妊治療を進めることは許されないはずだ。社会的見地からも、日本を含め不妊患者がたくさんいる国で、不妊治療目的でのゲノム編集を許せば、医療問題が頻発する恐れがある。

遺伝子疾患の予防

不妊治療目的に対して、将来生まれる子が高い確率で遺伝子疾患を発症する場合、生殖細胞や受精卵の段階で遺伝子変異を修復しておき、子の疾患発症を予防する目的は、子の福祉に立ったものと理解できる。この目的のゲノム編集もやはり夫婦の同意で進められるであろうが、子が生まれる可能性があり、その子の健康のためであるから大筋問題ないように見える。英国のミトコンドリア提供も同様の根拠で合法化されている。一方、生殖細胞系列でのゲノム編集の両刃の剣の特性を考えると、リスクと利益のバランスを慎重に推し量らなければならない。

まず、利益の点で、この特殊な医療の実施がどのような遺伝子疾患で、またいかなる状況でなら許されるのか考えよう。ＰＧＤは、子で遺伝子疾患を起こす遺伝子変異をもつ夫婦が、その子への遺伝を防ぐために、生殖医療クリニックでいくつか受精卵を作り、胚の細胞の一部を採取してＤＮＡ検査を行う。検査の結果、子に遺伝子疾患を起こす変異がない胚を選び、子宮移植する。日本でも臨床研究として過去17年間で１０７件承認され、実施されている。

中国の中山大学グループによるヒト受精卵ゲノム編集の論文も、出生後の地中海貧血の予防を目的としていた。この病気は重症の場合、作られる赤血球がほとんど機能せず、すぐに壊れて、肝臓などに極端に負荷がかかり、ものすごくお腹が膨れ、非常に心が痛む状況になる。そして幼くして死に至る恐れがある。しかし、地中海貧血の発症予防には多くの場合、ゲノム編集よりＰＧＤをまず考えるべきだ。この病気は常染色体劣性遺伝だから、子が遺伝子変異を二つ持つ場合だけ病気が発症する。両親がともに一つ変異を持っていたとしても、ＰＧＤを使えば75％の確率で病気を発症しない受精卵が見つかる。両親がともに二つ変異を持つ場合は、生まれる子は100%発症するが、そのような夫婦は滅多にいないであろう。

中山大学の論文ではゲノム編集のほか、PGDの利用可能性があることは述べていない。結局、ヒト受精卵でゲノム編集を試したいがための研究であったのだろう。

遺伝子変異が一つでもあれば発症する常染色体優性遺伝の疾患で、夫婦のいずれかが病気を起こす変異を二つ持つ場合、PGDは使えない。この夫婦から生じる胚は必ず一つ遺伝子変異を持つので、PGDで遺伝子変異のない胚を選ぶことができないのだ。実際、常染色体優性遺伝の疾患の症例報告を調べると、ハンチントン病や家族性大腸腺腫症では確かに、病気を起こす変異を二つ持つ人がいる。このような場合、ゲノム編集で受精卵あるいは生殖細胞の段階で変異修復するのは妥当にみえる。

常染色体優性遺伝の疾患で、かつ大変限られたケースで、ある程度目的にかなうようにみえても、受精卵は人格をもった一人の人となりうる。将来の子に代わって、ゲノム編集に伴うリスクがどこまで低減できるかさらに考えてみたい。これまでのヒト受精卵や、サルをはじめとする動物のゲノム編集の研究が示すように、受精卵に精密注入導入する場合、微細針による穿刺の物理的な負荷、またDNA切断酵素による生物学的な悪影響などで、一部の受精卵を細胞死させる可能性がある。針で酵素を注入するのは受精卵の細胞質か前核かまだ検討が必要だ。

また、DNA切断酵素が活性を保つ時間は必要最低限にしないとオフターゲット変異のリスクが高くなる。中国の二つのヒト受精卵ゲノム編集論文ではmRNAでの酵素導入であったが、すぐに分解されるタンパク質の形態で導入する方がよいと思われる。ほかに、複数の遺伝子を改変するようなことは避け、当面は一つの遺伝子を改変する計画だけに限る方針を徹底することもありえる。

しかし、そのようなゲノム編集の方法の洗練や一定の制約条件の下でも、遺伝子改変した胚（あるいは遺伝子改変した精子や卵子を受精させて得た胚）を子宮移植する前には、変異修復のみならずオフターゲット変異の有無についてPGDで検査し、リスクを評価する必要がある。ただ、この検査自体が現実的に難しそうだ。標的とした遺伝子変異が修復されたかについては、分析対象が限られているのでPGDで判別がつく可能性があるが、オフターゲット変異はゲノムのどこに起きているかわからないからゲノム全域での念入りな分析が必要だ。胚から生検できる細胞は数個が限度だ。細胞をいくつも生検しすぎると胚が死んでしまう。数個の細胞のDNAで、ゲノム全域のオフターゲット変異を調べるのは今日のDNAシーケンシング技術を使っても難しい。細胞数個分のDNAをいったん酵素反応で増やしてからシーケンシングすることもできるが、DNA増幅がかえってシーケンシングエラーを呼ぶ恐れもある。最も重要な点は、オフターゲット変異がとても小さい Indel である場合、SNPと区別がつかない可能性が高いことだ。

変異が修復できたことだけ確認した後、胚移植を実施して、妊娠中に羊水に浮遊している胎児由来細胞からDNAを調製して、DNA検査でオフターゲット変異を調べることもできる。しかし、もしオフターゲット変異が見つかったら、倫理的問題に発展しうる。つまり、妊娠を継続していけば、生まれた子は懸念されていた遺伝子疾患とは別の疾患を発症する恐れがある。あるいは卵子細胞質移植の後にターナー症候群であると判明した胎児がたどったのと同じ運命、人工妊娠中絶が選択されることである。遺伝子工学で設計通りの改変ができなかった場合、胎児の殺生や、子に生まれながらに病気を強いるのは倫理的に大いに問題だ。

子のデザイン

ゲノム編集を、子が生まれた場合、遺伝子疾患を発症する恐れがあり、それを発症しないように予防医療として使うのは倫理的に妥当にみえると述べた。健康の確保という子の福祉のためと理解できるからだ。ならば、親が生まれた子が将来社会で活躍できるように、生殖細胞系列のゲノム編集で外観や能力を整えておいてあげることはどうか。これは、俗にデザイナーベビーと呼ばれるが、改めて考えると、ある側面では子の福祉を考えていると解釈しうる。

妊娠している妻のおなかに触れながら、夫婦で女の子が生まれたら、一緒にデパートで洋服を選んだり、ショッピングを楽しみたいとか、男の子が生まれたら、一緒にキャッチボールをするぞという会話はよくされているであろう。やや気の早い夫婦は、この子には我が家の医院を継いでほしいとか、スポーツ選手として活躍してほしい、世界を股に掛けるモデルになってほしいという期待や希望を語り合ったりするかもしれない。しかし、ある職業につくには、ある水準の知能、身体、あるいは外見が要求されることがある。医師になるには、大学の医学部を卒業して国家試験に合格しなければならない。それは一定水準の学力を獲得しうる知能が必要だ。スポーツ選手として競技成績を争うには、まずは練習の積み重ねや技能向上していく努力が重要だが、生まれついての身体や運動能力も影響する。野球選手なら動体視力が大切だし、バスケットボールの選手なら高身長の方が有利だ。ファッションモデルも高身長の人が多い。

29万4000人ものゲノム解析と学業達成の関連の分析によれば、配偶子や受精卵にゲノム編集を施して高い知能の子をめざすことはほぼ不可能であるといえる。この大規模解析の結果、ゲノム中の74部位が高い学業成績と関連することが判明したからだ。ゲノム編集といえども、一気に74か所も改変するのは難しいし、一つ一つ改変していけば、いつかオフターゲット変異を見逃すであろう。また、身長もある程度遺伝的背景が関係するようだが、複数の遺伝子が関係している。遺伝子組み換えサケのように成長ホルモン遺伝子を強制発現させる方法はあるが、健康に重大な影響を及ぼしかねないし、遺伝子組み換え人間の作出と非難されるだろう。子の外見を変えるためのゲノム編集はどうか。大規模ゲノム解析から、目や皮膚の色あい、鼻の形などが変異型遺伝子やSNPによって決められていることがわかってきた。例えば、欧州の人々では、OCA2遺伝子のあるSNPがブルーの瞳とブロンドの髪に高い相関がある。ラット受精卵のゲノム編集では白い毛色を野生型の黒色に戻すなど、動物ではすでに実効性が示されている。一部の親は、子が社会で活躍する上で有利となるように、あるいは親からみて望ましい外見を子で達成するために生殖細胞系列ゲノム編集をクリニックに依頼するかもしれない。しかし、目の色に関与する遺伝子は少なくとも16ある。もし、日本人の親が青い目の子を希望していたのに、ゲノム編集を経て生まれた子の目の色がグレーだったらどうなるのだろうか。クリニックに大金を支払ったのに実現できなかったとして、クリニックに訴訟を起こすかもしれない。いや訴訟を起こすのは子かもしれない。親と全く似ていない外見を押し付けられたとして苦悩を感じ、親を訴えることもありえる。より倫理的に問題なのは、このような目的でゲノム編集した胚を移植して妊娠しても、胎児の段階での遺伝的検査で、目的の遺伝子改変ができていないことが判明したときに人工妊娠中絶を選択してしまうことだろう。

これら想定される問題は、親が子その人より、子の外見を重視することに起因している。夫婦の間で子を授かるというより、夫婦が注文して子を作っているという意識が問題ではないだろうか。このような議論を海外で開催された生命倫理学会で発表した際、出席者の中から、美容整形も許されているのだから子の外見の改変は問題ないという意見がでた。しかし、その見解は、同意の観点を見落としていると思う。美容整形が許される際に同意するのは施術を受ける本人だ。親の子の外見の希望を実現するための生殖細胞系列ゲノム編集では、まだ生まれていない子が外見についての悩みを訴えることも、オフターゲット変異のリスクに同意することもできない。この目的での生殖細胞系列ゲノム編集は正当化が困難ではないか。

日本ではどうか？

米国では、ＦＤＡが卵子細胞質移植については容易には許さないとする厳しい姿勢を示して以後、生殖細胞系列の遺伝子改変を伴う生殖医療は米国で実施されていない。しかし、コーエンらが学会や論文で報告した後、台湾、イタリア、イスラエルの生殖医療者が次々とこの実験的な医療をクリニックで使い、そして世界で30人程度の子どもが出生したとされている。これ

表8　G8における生殖医療データ(2010年)

国	クリニック数	総治療回数	人口100万人当たりの治療回数	採卵当たりの出産率
日　本	591	242,833	1,911	19.9%
米　国	474	176,214	574	59.2
イタリア	202	56,419	971	20.7
ドイツ	124	75,701	919	32.6
ロシア	116	54,219	387	33.1
フランス	107	85,122	1,329	29
英　国	72	57,482	941	39
カナダ	28	17,926	535	45.9

出典：Dyer, S., et al. 2016.

ら、米国外の子たちの追跡調査はきいたことがない。そして、インターネット検索すると、卵子細胞質移植は、今でもいくつかの国のクリニックで堂々と提供されていることがわかる。それは、規制が緩いとか、無いという理由だけでなく、体外受精など標準的な生殖医療では満たされない生殖のニーズがあるからだ。このような出生子に健康リスクをもたらしかねない実験的手法でも、子を得るための有力な選択肢に映る夫婦もいるのだろう。

日本にいる私たちにとっても他人事ではない。なぜなら、日本は、米国を引き離して、60か国中トップの、不妊治療超大国であるが、生殖医療後の出産率は19・9%と、諸外国と比べて概ね10%以上低い(表8)。これは、日本の生殖医療では第三者が提供する卵子や精子が使われないことが大きいといわれている。卵子は女性の加齢に伴って老化し、特に35歳以上になると染色体の異常が増える。日本では35歳を過ぎてからクリニックにかかる女性が多く、体外受精してもなかなか妊娠、出産につながらない。若い女性から卵子提供を受ければ、出産の可能性が上がることは知られている。実際、配偶子提供が盛んな米国やカナダの治療成功率は、日本より約25％以上高い。一方、日本には公認の配偶子提供制度がない。イタリアの治療成功率は日本と同様だが、2014年まで配偶子提供は法律で禁止されていたことが関係していそうだ。日本やイタリアでは夫婦で臨む不妊治療において、より有効な方法のニーズは大きいだろうし、配偶子提供が盛んな国でもそのような治療法の潜在的ニーズはあるであろう。

日本では生殖医療を受けて挙児に至らない場合、6歳未満の子を対象にし、血縁がない子を養子とする特別養子縁組は考慮しない傾向がある。私は2016年、日本全国の男女20～49歳を対象に調査した。回答者2127人のうち、子がほしいと答えた人は1647人（77％）だった。これらの人々に不妊の場合の家族形成の選択を尋ねたところ、あきらめる人が47％、生殖医療を受けて、子が授からなければあきらめる人が32％、生殖医療を受け、子が授からない場合は特別養子縁組を検討する人が17％、特別養子縁組を検討し、生殖医療は受けない人が4％であった。現状として特別養子縁組の成立数は544件（2015年度）に過ぎない。一橋大学の森口千晶教授によれば、出生1万人当たりの血縁のない子の養子人数はアメリカ170に対して日本はたったの6である。日本の特別養子縁組制度自体にも諸課題があるが、現状、日本の家族形成において血縁重視となっており、不妊の場合、配偶子提供を考慮せず、夫婦で不妊治療を繰り返している傾向がある。これを考えると、生殖細胞系列ゲノム編集が、遺伝学的なつながりのある子を持つ手段として認知されやすい状況にあるようにみえる。

法規制の状況に目を転じると、日本にはヒトに関するクローン技術等の規制に関する法律はあるが、生殖医療に直接関係する法律はない。生殖ニーズを背景に、日本で実験的な生殖医療がいつの間にか広く提供されてしまう可能性はある。実際に、2016年、大阪のクリニックが、卵子細胞質移植に似た、AUGMENTという不妊治療を臨床研究として進めていることがプレス発表された。AUGMENTは、不妊女性の卵巣にある細胞からミトコンドリア(独自のDNAを含む)を調製し、卵子に注入する方法だ。血の繋がりは保てる方法かもしれないが、生殖医療専門誌や英国受胎学会からは有効性に懐疑的であるばかりか、ミトコンドリア画分の調製・移植が将来の子の健康に影響を及ぼすのではないか、と懸念する見解が示されている。

また、厚生労働省は、生殖細胞系列ゲノム編集は、タンパク質でDNA切断酵素を導入する場合など、「遺伝子治療等臨床研究に関する指針」の第七の対象外となる可能性があることを認めている。

日本産科婦人科学会（日産婦）が禁止を打ち出したとしても、日本に約600あるクリニック全てがこの学会の会員ではない。どこかのクリニックが健康な子、夫婦の希望に沿った子を提供する選択肢として生殖細胞系列のゲノム編集を提供する可能性は全くないといえるだろうか。他にも抜け道はある。2016年、日産婦が禁止している不妊治療のための染色体異常胚の着床前検査（着床前スクリーニング）を実施した浜松の生殖医療クリニックが報道された。これは浜松のクリニックで受精卵を作り、液体窒素が充塡された凍結保存容器を使って海外にあるクリニックへ送り、着床前検査をしてもらい、染色体異常がないと判断された胚を日本に返送してもらったのだ。わざわざ海外に出かけなくても、受精卵あるいは生殖細胞の発送と返送で生殖細胞系列ゲノム編集を利用することも理論上は可能なのだ。

生殖医療の実質的規制がない日本において、血縁のある生殖へのニーズとそれに応えようとするクリニックがある現状を考えると、日本でゲノム編集が生殖医療現場で開始されるのは時間の問題だろう。

ごく限られたケースで、子での重症の遺伝子疾患の発症を予防するために使われるのであれば問題ないではないかという意見もありそうだ。しかし、生殖医療は普及するとともに、本来の目的とは異なる目的で使われていくことがある。例えば英国で生み出されたＰＧＤは、元々は遺伝子疾患を引き起こす変異を持たない胚を選別する目的であったが、英国外の国で、単純に男女産み分けのための性判定サービスとして提供するクリニックがある。いくつかの動物実験は胚の段階で生検を受けて生まれた動物に神経系の病気が起きることを示しているが、無視されて商業的なサービスに堕落している。特記したいのはPGDによる性判定サービスを提供する海外クリニックのホームページは日本語で宣伝していることだ。日本で遺伝子疾患の予防のために開始された生殖細胞系列ゲノム編集が、いつのまにかデザイナーベビーのような使い方につながっていく恐れは本当にないのか。生殖医療の法規制が確立できていない日本はいわゆる「滑り坂」の観点を真摯に考えなければならないのではないか。

それならば、きちんと法規制を制定して、その枠組みの中で重篤な遺伝子疾患の予防のためだけに使えばいいではないかという意見もあるだろう。残念ながら、それは容易に実現しない。これまで、自由民主党で生殖医療の規制について何度も検討されてきたが、法案が国会できちんと議論されたことはない。日本では、国民優生法から母体保護法に改正する際、長きにわたり国会で大いにもめた経緯を考えると、生殖医療の法案は国会では敬遠される議題なのかもしれない。

生殖細胞系列ゲノム編集を突き詰めて考えていくと、これまで日本で生殖に関する医療についてきちんと議論してこなかった事実に直面した。しかし、将来の日本社会を考えたとき、このままでよいとは到底思えない。

コラム　皮膚の細胞から卵子や精子は作れるか

答えは一部の種ではYESだ。まず皮膚の細胞からiPS細胞を作り、この多能性を持つ幹細胞を培養系で数段階かけて分化誘導させる。このやり方で、2016年、マウス実験であるが、完全に体外で、子に育ちうる卵子を作れることが実証された。マウス精子についても完全に体外で作出することも近く達成されるだろう。この生殖細胞作出研究は斎藤通紀・京都大学教授らのグループをはじめ、日本が世界の先頭を走っている。思い起こすとマウス皮膚細胞からiPS細胞を作ることができたと論文発表されたのは2006年、その1年後にはヒトiPS細胞の樹立が報告された。このように細胞生物学は急速に進展しており、試験管内でヒト生殖細胞の作出が報告されるのも数年内のことだろう。

ヒト生殖細胞形成は既に母胎中の胚の頃から始まる。出生後、思春期を迎えて卵子や精子ができ始めるが、10年以上かかる長いプロセスだ。生殖細胞作出技術はこうしたヒト生殖細胞が作られる仕組みの理解に役立つことは間違いない。しかし、文部科学省の指針はヒト人工卵子や精子を受精させる実験は禁止している。

一方、生命倫理の分野で、この技術を生殖医療に使うことは妥当なのか議論が活発になっている。幼くしてがんを発症したが治療できた人の一部は不妊になる。化学療法や放射線療法などの影響で体内の生殖細胞が死滅したからだ。彼らの家族形成のために、本人の皮膚細胞から生殖細胞を作るのは妥当にみえる。レズビアンやゲイの夫婦は配偶子提供あるいは代理母を利用しなければ血のつながった(片方の親とだけだが)子を持つことはできない。生殖細胞作出技術がさらに発展すれば、同性夫婦であっても彼ら(彼女ら)のゲノムを持つ精子あるいは卵子を作り、夫婦と血縁のある子が持てるかもしれない。こうした生殖医療は日本で容認していいだろうか。仮に認められるとして、どこまで研究したら、生まれる子に先天異常などの健康問題は起きないといえるだろうか。また、この生殖医療が日本で普及した際、ゲノム編集と合流したならば、デザイナーベビーのような乱用は起きないだろうか。

第5章　ゲノム編集の時代を考える

今後、日本においてゲノム編集の農業応用や医療応用はどうあるべきか、遺伝子組み換え技術の経緯を振り返りつつ、考える。

1　遺伝子組み換え作物からの教訓

遺伝子組み換え技術の農業や医療への応用は、一部の国で、部分的には確かに進んだ。しかし、日本の状況はいずれも芳しくない。より優れた遺伝子改変技術、ゲノム編集は日本の数多くの研究機関に普及し、研究成果が報告されるようになったが、順調に応用を進め、実用化まで到達するには、あるいは研究自体を進めるべきかについては、先行技術が示した教訓をふまえた社会的議論が必要である。

遺伝子組み換えの農業応用をもう一度振り返ろう。遺伝子組み換え作物の日本社会への導入状況は、海外の種苗会社が輸出する遺伝子組み換え作物由来食品の消費にほぼ限られており、極めて偏っている。農林水産省の公開情報によると、海外の種子企業からの輸入と栽培がともに承認されている遺伝子組み換え作物は１１４もある（２０１７年１月23日時点）。それにもかかわらず、多くの消費者が店頭で喜んで購入する様子ではないし、生産者が商業栽培している状況にもない。国内での研究開発動向をみると、隔離ほ場での栽培試験のみ承認されている件数は41件あり、そのうち、30件は日本の研究機関による試験だが、東北大学、筑波大学、農業・食品産業技術総合研究機構、サントリーホールディングス株式会社などの限られた研究機関によるものだ。日本の企業で栽培承認まで至った遺伝子組み換え作物は11件で、それは全て観賞用の花(バラとカーネーション)で、食用作物ではない。これらの花卉を除くと、日本の研究機関により開発されてきた遺伝子組み換え作物で、最終的に耕作地での栽培や食用の承認に至ったものはない。総じてみると、日本で食用に供される遺伝子組み換え作物は輸入品が全てだ。

日本における遺伝子組み換え作物の導入のつまずきは、旧厚生省が消費者の心情を考慮せず、安全宣言した1996年に始まったとみられる。この安全宣言は、当時海外からの輸入を控えた遺伝子組み換え作物を科学的な観点から分析した内容にとどまった。種の障壁を越えて遺伝子を組み換えられ、前例のない農作物をつきつけられた消費者の心理を推しはからなかった。また、初期の遺伝子組み換え作物の多くに付与された除草剤耐性や害虫抵抗性は消費者が歓迎する特性ではなかった。これらの点に問題があったと思われる。省庁のホームページには遺伝子組み換え作物の安全性を説明するコンテンツがあり、説明努力はしてきた。しかし、一般の人々と対話をもち、安心を感じてもらえるように政策推進したとはいえまい。その結果、不安を抱いた消費者が増えていき、それをみた生産者は遺伝子組み換え作物の栽培を躊躇し、または拒否し、多くの国内研究者は遺伝子組み換え作物の開発の行き詰まりを感じるようになっていったとみられる。その後、店頭での遺伝子組み換えの表示制度の妥当性についても疑念を呼び、そして状況は好転する契機もなく今日に至っている。

この経緯からまず学ぶべきことは、食という多くの国民に関わる分野におけるバイオテクノロジーの応用は、まず消費者の心理を見据えた説明、食のニーズをとらえた開発、それらを支援する施策が重要であるということだ。

2 作物と動物、心理的ハードルの高低

日本では現在、遺伝子組み換え作物は、花卉を除いて商業栽培されていないが、世界的にみると少なくとも28か国で栽培されている（2016年時点）。これは規制当局により耕作地での栽培が承認された種子が販売され、生産者が種子を購入して栽培していることを意味している。栽培面積世界一の米国でも一部市民グループが遺伝子組み換え作物に対して反対運動を展開し

ている。米国の生産者は、彼らの生産上のメリットだけでなく、一定の割合の消費者が遺伝子組み換え作物由来の食品を購入し、口にするという見通しで栽培をしているのであろう。

一方、食用の遺伝子組み換え動物の研究開発は多くあるが、世界的にみても実用化に到達したものはほとんどない。特に食用の遺伝子組み換え動物は、北米での遺伝子組み換えサケ以外は承認例がなく、遺伝子組み換え作物に比べて社会の受け入れが進んでいない。その主な理由だが、心理学的研究によれば、植物より動物の方がヒトに近い生物であり、人々が受け入れることに抵抗を感じることに起因するとされている。家畜自体は人の功利のための動物ではあるが、その利に供するまで家畜といえども健康や飼養状況が尊重されるべきであるという考えが年々強まっている。特に、従来育種とは異なる遺伝子工学の利用という特異な状況において、人々の心に動物愛護の念が喚起されやすいのかもしれない。多能で高効率な遺伝子工学ツールであるゲノム編集を使って、ＮＨＥＪによる改変で外来遺伝子の導入がない家畜系統を作りだしたとしても、バイオテクノロジーを使い、動物の遺伝子を改変する行為に変わりはない。今後開発されるゲノム編集家畜すべてに対して人々が寛容なまなざしを向けるとは到底思えない。

２０１５年、中国において、伴侶動物の提供のため、ゲノム編集を駆使してオーダーメイドでミニブタを作出するビジネスが立ち上がるという報道があったが、これは明らかに時期尚早と思われる。

総じてみると、遺伝子改変動物の倫理は世界的にもまだ形成途上という状況であり、ゲノム編集動物の開発を本格的に進めるのであれば、動物の福祉と、一般の人々の倫理観に一段の配慮が必要となるであろう。

3　遺伝子治療から学ぶべき教訓

遺伝子組み換え技術を応用した遺伝子治療開発の日本での歴史は、1995年の北大病院での臨床研究開始に始まった。当時は大きな注目を集めたものの、現在のところ製造販売承認となった遺伝子治療製剤はゼロだ。世界での遺伝子治療の開発(臨床研究や治験計画)の数は2017年現在、これまで2409あるが、日本はわずか42だ。日本の承認なしが際立っているわけではないが、国際的にみて日本の遺伝子治療開発は活発とは言えない。この間、先天的な酵素欠損症の患者らは、高額な酵素補充療法に依存するか、あるいは体調を崩し、命を落とした人が多くいたと思われる。臨床で遺伝子治療のニーズは確かにある。しかし、医療者はこれまでそれに応えることができなかった。

日本で遺伝子治療の開発が遅延した理由として、関連の公的研究費が少ないという点の他、二重審査体制が頻繁に取り上げられる。臨床研究計画の実施承認に、大学病院などでの倫理審査委員会での審査に加え、国（大学病院の場合、厚生労働省のみならず、文部科学省にも計画の写しを送付する必要があった）による厳格な審査が課されていたのだ。ただ、この二重審査方式のおかげで、第3章で紹介したフランスでのＸ－ＳＣＩＤ遺伝子治療試験で起きた副作用のような大問題は日本の臨床で起きなかったのも事実で、意義も確かにあった。厚生労働省は２０１５年、20年にわたる遺伝子治療開発の状況を考慮し、大学等における遺伝子治療臨床研究が適正に実施されてきたことを踏まえ、関連指針を抜本的に改正し、審査手続の簡素化および迅速化を図った。これは好ましい対応だ。

しかし、施策の見直しに着手するまで20年という月日はあまりに長かった。日本の研究現場ではセンダイウイルスベクターなど独自技術も生まれたが、活発ではない研究状況ゆえ、臨床水準のベクター生産などを手掛ける企業は乏しく、円滑な開発が難しい状況となった。

一方、最近、国内のがんクリニックでは、中国の承認がん遺伝子治療製剤を輸入し、自由診療で提供するところが見られる。しかし、腫瘍抑制遺伝子などを体内に導入するがん遺伝子治療製剤の効能やリスクを丁寧に説明して提供しているか疑問を感じるところがある。実際、２

016年、有効性が確立していないがん遺伝子治療に約540万円も医療費を支払わされたとして、都内のクリニックを患者の遺族が訴えたと共同通信が報じた。遺族によると、当該のクリニックは「患者700～800人の8割が良くなった」と説明したという。医師からのこのような楽観的過ぎる効能説明に問題があるのは議論の余地はないが、この患者関係者の医療リテラシーも不足していたのではないか。多くの人は遺伝子組み換えの威力はおよそ理解しているようにみえるが、腫瘍抑制遺伝子の導入をしたとしても、がん治療の成否は症例に依存するところが大きいことまで深く理解しているとは思えない。ましてや、中国の医薬品規制体系は欧米や日本とは相当異なるとの指摘もある。国の規制対応は日本の遺伝子治療開発の不振を招き、それにより遺伝子治療についての社会的議論を乏しいままにして、一般の人々における遺伝子治療という医療の理解は向上することがなかった。

従来の遺伝子治療分野に、今、ゲノム編集という新しい遺伝子工学が合流し、遺伝子改変に立脚した医療は大きな潮流となるであろう。しかし、研究成果や医療技術を生み出すだけでなく、それを順調に医療に発展させる適切な政策も必要だ。また、患者やその家族が遺伝子を改変する医療のリスク、効果、また限界についてバランスのよい情報提供を受け、理解を深める社会的仕組みも今後重要であろう。

4　家族形成と生殖医療の意思決定

2017年3月、中国から三つ目となる受精卵ゲノム編集の基礎研究の論文が報告された。以前報告された二つの論文は異常受精卵を使ったゲノム編集を実施したところ、オフターゲット変異などの技術的課題が明らかとなったが、今回の論文では研究者らはHBB遺伝子に変異がある男性から精子を提供してもらい、正常な卵子と受精させて得られた六つの受精卵にクリスパー・キャス9をタンパク質の形態で導入した。その後、2日間培養し、胚を調べたところ、うち三つで遺伝子変異の修復に成功したことを確認した。また、調べた範囲ではオフターゲット変異はなかったという。この実験で使った受精卵の数はごくわずかでデータ不足の感は否めないし、三つの胚のうち二つがモザイクであったことは依然として問題だが、ゲノム編集を伴う生殖医療の実効性はある程度示されたと考えてよさそうだ。

遺伝子疾患などを治したいと訴える患者に対する遺伝子治療の臨床試験と異なり、受精卵や配偶子の遺伝的改変を経た生殖の事例はごくわずかだ。これまで臨床で実施された例は全てミトコンドリア(独自のゲノムDNAを含む)操作を伴う生殖医療だ。第4章で述べた通り、女性不妊の治療を目的とした、米国での卵子細胞質移植、中国での前核移植の他、２０１６年、メキシコで紡錘体核移植を使い、子でのリー脳症というミトコンドリア病の予防に成功したという報道があった。２０１７年発表になったその症例論文によると出生子は7か月までみたところでは健康だという。一方、赤ちゃんの皮膚などの細胞を調べるとリー脳症を起こす母親の卵子に由来するミトコンドリアＤＮＡ変異は紡錘体核移植で多くて9％程度まで減少したが、生まれた子の脳や心臓を含め全身の細胞に卵子ドナーと母親由来のミトコンドリアＤＮＡとが混じった遺伝学的状態であることには変わらず、今後、本当にミトコンドリア病が予防できたか、あるいは卵子細胞質移植で起きたような有害事象が起きないか慎重に見守る必要がある。ところが、この子の両親はフォローアップ検査を受けないと決めたという。移植を実施した医師らによるインフォームドコンセントはリスク説明が十分でなかったらしく、両親はフォローアップの必要性を理解していなかったかもしれない。あるいは「健康な子」が得られたのに医師らに後々まで詮索されたくないと思ったのかもしれない。いずれにしても、子供の全身の細胞に影響しうる生殖細胞系列の遺伝的改変が実施されたにもかかわらず、予後のフォローアップが行われないという異様な状況となっている。

ゲノム編集が登場した今、シンスハイマーが予言した通り、配偶子や受精卵の遺伝子改変が社会で頻繁に行われる日が来るかもしれない。遺伝子改変を伴う生殖医療が日本のクリニックでどのように意思決定されるか、以下考えてみたい。

生物の根源的な目的は生存し、生殖により次世代を残すことだ。人間も生物だから、通常、これらの目的を達成しようとする。しかし、多くの種の中で際立って知能を発達させた反動か、現代人はこの根本的な目的に思いを巡らせるのが疎か、あるいは遅れがちになるようにみえる。

東日本国際大学の中野信子特任教授は、『努力不要論』で、生物学的観点に立つと、社会での成功や功利に努力を傾けすぎることは誤りであり、警戒しなければならないという。確かに、現代日本を見つめると、度を越した努力の傾倒で自己を消耗させ、人生に苦悩する人が多いと言わざるを得ない。社会で活躍しなければならないと宿命づけられて、高学歴、職務完全達成、高収入追求など極めて高い目標を設定して、長期間過剰な努力を続け、心身の健康を害する人がいる。

このような社会は生殖、つまり家族形成も難しくする。日本の人口動態統計によると、１９４７年当時の女性の平均初婚年齢は22・9歳だったが、２０１５年では29・4歳と、６・５歳も上がっている。妊娠や出産の可能性は女性の加齢とともに減少するが、その主なメカニズムの一つは「卵子の老化」である。卵子になる始原生殖細胞は出生前に全て分裂を終えており、以後は閉経まで減少の一途をたどる。思春期以後は、28日周期で成熟卵子が1個程度排卵されると同時に数十個の卵母細胞も成熟して失われる一方、体内に残っている卵母細胞も年を取り、質、つまり発生能が低下する。女性の体内で卵子老化は絶え間なく進行するが、特に落ち始めるのは35歳頃だ。また、35歳以後の出産は高齢出産といわれ、妊娠高血圧症候群や流産・難産の他、卵子老化の影響で子の先天異常のリスクが高くなる。つまり、現代の女性は、結婚して5年程度しか生殖に適した時期はないのだ。一方、男性も加齢の影響はあるが、生涯、精子幹細胞から精子が作られることもあり女性に比べるとその影響は小さい。しかし、一部の男性は精子の運動性が低い、あるいは乏精子症や無精子症で、子供に恵まれないこともある。

ちょうど30代は会社では実務の要として活躍しており、また管理職へのキャリアアップを意識する時期でもある。また結婚後、夫婦で趣味や旅行をしばらく楽しむこともあろう。そうして30代半ばになって、そろそろ子がほしいと思ってもなかなか実現しないことに愕然とする夫婦は多いと思われる。

なぜ、私たちは産み時を意識することが難しいのだろう？　私たちは社会でのなんらかの役割への着任、そして、役割の遂行を通じた自己実現、収入増などを求めるように仕向けられているため、生殖（家族形成）を考えるのは二の次になってしまいがちなのだろう。他の理由として自らの出生、成長の歴史があるのではないか。今、人生を順調に歩んでいる成人の多くは、両親から無事生まれ、家庭や学校生活で様々な出来事を経験しつつ、社会でなんらかの居場所を得ている。このような経験は、自分が家族形成する時を迎えた際、深く考えることなく、自分の生い立ちと同様に進むだろうと思わせる。つまり、二人の男女が愛の営みをしていれば自然と子が生まれ、その子は概ね健康で、社会である役割を担うだろうと「思い込み」をしてしまうのだ。生殖の観点では、夫婦に由来する精子と卵子が受精し、妻が出産するということを当然のことと絶対視させる。この「思い込み」が、多くの夫婦が不妊の場合、繰り返し不妊治療を受け続ける大きな要因になっているのではないか。不妊であっても、特別養子縁組制度を利用することや、夫婦二人で人生を歩む選択肢もあるのだが、どうも現代の日本はそれらの選択肢が思い浮かびにくいようだ。

第4章で述べた通り、日本は世界一の生殖医療大国であり、不妊の場合、生殖医療を利用するのが第一選択肢となりつつある。自分たちと血のつながった子を持つのが当然と考える中で、遺伝子改変を伴う生殖医療に、リスクについての説明が不足していても同意する状況が生じそうだ。紡錘体核移植の実施には卵子ドナーが必要だが、ゲノム編集の場合は不要だ。卵子提供制度が整っていない日本でも実行は容易だろう。特に顕微授精の技量をもつクリニックなら、

DNA切断酵素を受精卵に注入するのは問題なく実施できるはずだ。しかし、リスクがない医療は存在しない。ゲノム編集に伴うオフターゲット変異というリスクはいくら技術が進歩しても実質的に残るはずだ。そのリスクは出生子に押し付けられることになる。

5　対話のために

市民として――よく考え、話し合い、見極める

目下、発展途上国における食物需要――量も質も――が増加している。また、世界的には気象変動により作物収量が減少する可能性も指摘されている。遺伝子工学を駆使すれば、これら農業上のニーズに応える作物育種が可能になるかもしれない。だが、遺伝子組み換えと同列にとらえ、あるゲノム編集作物由来の食品は受け入れられないという人もでてくるだろう。

食に恵まれている今の日本において、あなたたちの食生活のために開発したのだから食べろと強制される筋合いはなく、個人レベルで拒否するのは自由だろう。しかし、ゲノム編集作物を総論で食用上危険であるとか、生態系に必ず悪影響を与えると考えるのは控えたい。特に社会運動として主張するのであれば、個々の作物育種毎に食品安全性や環境への影響の評価のデ

ータを研究者に求めていく方が適切ではないか。つまり、オフターゲット変異はどこまで調べたのか、また作物に付与された形質と生態系への予想される影響について開発者に市民目線で説明を求めてはどうか。また、合理的根拠をもって、行政に対してはリスク評価や表示の方針について規制対応を要求するのはよいと思う。ゲノム編集による家畜育種についても今後大きな社会的議論が起こり得るが、遺伝子改変の目的が動物福祉に照らして問題ないかが最重要であろう。一方、家畜業という産業自体まで否定するのは無理があるように思われる。

ゲノム編集の医療応用においては、遺伝子改変の卓越した能力が即座に医療の効果に結び付くと考えるのは適切ではない。化学薬剤にせよ、遺伝子治療にせよ、医療のリスクと効果を評価するのは慎重な臨床試験を重ねていくより他にない。その臨床試験に必要なのは、患者らの協力だ。しかし、命を投げ出してまで、あるいは大きな病気や障害を負ってまで試験に協力する必要はない。臨床試験参加でひょっとしたら自分の病気が治るかもしれないが、臨床試験の目的は基本的には将来の患者のためと理解することがまず大切だ。その上で、生体外や生体内ゲノム編集治療のリスクを医師に説明してもらい、納得ができる場合だけ、同意の上で臨床試験に参加すればいい。日本国内でゲノム編集治療の臨床試験が開始したとしても、インターネットで医療ツーリズム情報が簡単に見つかる今日、海外で先行して承認になったゲノム編集治療を受ける機会があるかもしれない。その際は、セカンドオピニオンを参考にして慎重に決断してほしい。副作用などが起きた場合、予想を超えた長期の海外滞在になる恐れもある。医療の規制体系は国により違うことによく留意したい。

日本は世界一の生殖医療大国であり、受精卵などの生殖細胞系列のゲノム編集技術が思いがけない早さでクリニックに登場する日がくるかもしれない。しかし、将来の人々に重大な影響を与えうる、この特殊な医療については、社会的議論を広く行い、適切な規制を設けなければ、大きな社会問題が生じるであろう。そもそもだが、生殖医療をめぐる社会的議論は意見が完全に割れることが多い。上述した通り、私たちは生殖については自分や周辺の人々の事例しか知らない。だから、議論が割れやすいのだが、お互いの背景をよく理解した上で建設的な方向で意見交換していくための前提的なことを、以下確認しよう。

私たちは皆、以前、受精卵であった。しかし、その受精卵はうまく発生し、たまたま母親の子宮に着床でき、流産することもなく育まれ、この世に生まれたのだ。一方、染色体異常や遺伝子変異により途中で発生が止まってしまった胚や、子宮のコンディションなどの原因でうまく着床できずどこかへ行ってしまった胚もあったはずだ。着床できても、胎児が心音を打てるようになる前に、流産となったケースもあろう。こうして考えると、私たちはこの世に幸運にも生まれることができたといえる。

多くの人が健康に生まれる一方、数％の人達は先天異常をもって生まれる現実がある。人も生物だから避けられない現実だ。ハンディキャップを負って生まれた人たちは健康面で、社会で歩む上で大きな困難に直面することが多いが、中には自分は幸せだと感じている人たちも確かにいる。しかし社会で活躍している多くの人達は彼らの現実や事実を良く知らないまま年齢を重ねて、あるとき家族を持つ段階を迎える。

現代では、ほとんどの人にとって、人生で生殖、家族形成を真剣に考えることは一度か二度くらいしかない。私たちは、着床できなかった受精卵や流産となった胚の追体験などできないし、不妊治療は知識として知っていても、現実にはどのようなリスク、経済的、精神的負荷があるか知らないであろう。こういう状況で不妊という難問をつきつけられたら、国内に約600もある生殖医療クリニックにかかることが第一選択肢となるであろう。不妊治療がうまくいかない場合、出産や血縁を問わないのであれば、第三者からの配偶子提供や代理母の利用も考えられるが、倫理的、社会的、法的な問題があり、日本での利用は困難だ。

このような日本の状況において、ゲノム編集が生殖医療に持ち込まれたらどう使われるだろうか。その参考事例として着床前診断の臨床研究の実施状況に触れる。日本産科婦人科学会

（日産婦）は1998年に初めて筋ジストロフィーの変異の有無を胚で検査するための着床前診断の臨床研究を承認して以来、17年間で107件の遺伝子疾患の変異を検査する研究を承認した。その後、日産婦は不妊治療の成績向上のため、胚のあるタイプの染色体異常（転座）を調べる着床前診断を容認するようになった。この不妊治療のための着床前診断は10年余りで302件の研究計画が承認になっている。

同様に生殖細胞系列のゲノム編集を当初はごく限られた夫婦が子での遺伝子疾患の発症を予防するために開始したとしても、次第にTUBB8など不妊と関係する遺伝子変異を修復するための利用が増えていくだろう。しかし、遺伝子疾患の発症予防を目的としたゲノム編集の場合、子の福祉を考えたものとも捉えうるが、不妊治療目的のゲノム編集は概して夫婦の家族形成のためと解釈される。後者の場合、オフターゲット変異というリスクを生まれる前の子に強いるのは安易に容認できないのではないか。

このような遺伝子改変を伴う生殖医療を開始する前に、私たちは家族形成に関する選択肢を知ることが重要だと思われる。日本には特別養子縁組制度という家族形成の選択肢もある。むろん養子とは血縁はない。家族において血縁は確かに重要な要素で、まず、夫婦のDNAを子が受け継いでいるという事実、そして夫婦の外見や性質など何らかの特徴が子に見られる、そして子も自分はお母さん、お父さんに似ているという感覚は、家族の絆を形成していく上で大きな役割を果たしていると考えられる。しかし、血縁がない養子縁組でも、世話、躾、教育、行事、旅行、日々の団らんを通じて家族となったケースもたくさんあるし、逆に血縁がある親子の間でこれら親子関係を丁寧に築いていけない場合、虐待や暴行などが起きている。また、子供を持たない選択もある。子育てには体力のほか、精神的負荷を伴うし、経済的義務も負う。夫婦二人で自分たちの人生を存分に楽しむ選択をしてもなんら問題はない。国レベルではこのような夫婦が極端に多ければ衰退しかねないが、個々の夫婦レベルでは子を持たないことも自由だ。

日本では生殖について様々な体験をした夫婦に話を聞く、また話し合う機会は現状乏しい。カーディフ大学のジャッキー・ボイバン教授は、18か国1万人以上を対象にした妊娠に関する意識調査から、日本は、友人、家族、パートナーとですら不妊についてほとんど語らない人が多い傾向があると指摘している。夫婦の事情ということもあり話しづらい側面は確かにある。しかし、遺伝学的検査や遺伝子改変技術が急速に進展しつつある今、生殖や家族形成について当事者の考えや現状を知る機会が増え、これから親になる人や、各々の夫婦が自分たちはどうするのかよく考え、最適な選択ができる社会を目指していかなければならない。

もちろん、安易に生殖にゲノム編集を持ち込むことは、出生子に先天異常のリスクを強いる恐れや、デザイナーベビーのような社会混乱を生みかねない。しかし、いつか生殖観、家族観が成熟した社会に到達した暁に、乱用を防ぐ適切な規制の下に、重篤な遺伝子疾患の予防のために生殖細胞系列のゲノム編集を使うのはあり得るかもしれない。

研究者として――綿密なリスク評価と根気強い対話を

遺伝子組み換え食品に対する人々の姿勢は、受け入れられない、受け入れられる、よくわからないなど様々だ。受け入れられないとする人々が挙げる理由として、遺伝子組み換え作物で付与された形質に除草剤耐性や害虫抵抗性が多く、消費者には訴求しがたく、また小規模農家も魅力を感じなかったことも大きいと思われる。

一方、最近承認された、第二世代遺伝子組み換え作物は、消費者の利益に配慮したものがある。米国で最近承認された「アークティックアップル」は遺伝子組み換えで酵素的褐変化に関与する酵素遺伝子の発現を抑制してあり、果実をカットしてもすぐに褐変化しない。また、米国の「イネートポテト」は遺伝子組み換えで Asn1 遺伝子と Ppo5 遺伝子の転写を低下させ、それぞれの遺伝子操作で、加熱すると有害なアクリルアミドとなるアスパラギンの形成と、打ち身でできる黒変を抑制したジャガイモだ。このような遺伝子組み換え作物を、本来起こる色調変化が起こりにくい、あるいは本来ある成分が低減された「不自然な作物」ととらえ、拒絶する消費者はやはり一部いるだろう。一方で、色調劣化しにくい、あるいはフライにしたときの有害物質生産を抑制した食用作物は、従来の遺伝子組み換え作物に魅力を感じていなかった一部の消費者の姿勢を変えさせるかもしれない。

消費者の多くは多国籍種苗会社や一部の大規模農家が利益を期待できる除草剤耐性や害虫抵抗性を付与された作物由来食品を欲しているわけではなく、自分たちの食生活に魅力的な栄養価や風味があるものを望んでいる。ゲノム編集作物については真摯に消費者のニーズに向けて開発されるならば、一部の人々は受容しそうだ。研究者は消費者を意識したゲノム編集育種をまずは念頭に置くべきではないか。

社会で科学コミュニケーションが順調に進めば、外来遺伝子がないＮＨＥＪによる改変を用いる育種は、ランダム変異導入法と同様に理解してもらえるかもしれない。市民との対話で重要なのは、「ゲノム」という言葉がまだ市民権を得ているとはいえない点だ。「遺伝子」や「ＤＮＡ」は理解されてきたが、「ゲノム」を「編集」するという概念は容易に理解されるとは思えない。研究者は、個々のゲノム編集作物の研究成果の発表において、遺伝子組み換えと比較しながら、市民目線で丁寧に説明する必要がある。

個々の研究プロジェクト単位での社会へ向けた成果発信で熟慮してほしいことは、多重編集だ。クリスパー・キャス9の場合、異なるDNA配列を標的とするガイドRNAを複数同時に導入すれば、一度に複数の遺伝子を改変することが容易だ。しかし、技術的優位性を示すだけでなく、農業や医療への応用の可能性をも強く主張するなら、DNA切断酵素が誤ってガイドされIndelや染色体レベルの異常などを起こすリスクの程度も示すべきだ。遺伝子組み換えと比較してゲノム編集の特徴はDNA切断酵素を細胞内で直接使うことにあり、それは必然的に標的部位以外のDNAも切断するリスクを伴う。ましてや、細胞ゲノムで複数の場所にDNA切断酵素を作用させる複雑な遺伝子改変であるなら、そのリスクも慎重に言及されるべきだ。また、一度に複数の遺伝子を改変するという事実だけで、拒否する人もいるかもしれないことに留意する必要がある。

この原稿を執筆している最中の2017年4月10日、日本人類遺伝学会などがヒト受精卵ゲノム編集の基礎研究計画を個別に倫理審査する委員会を立ち上げたと、日本経済新聞が報じた。研究者らが研究利用において特段尊重、配慮すべきヒト受精卵の遺伝子改変研究を主体的に律しようとするのは評価したい。一方、ヒト受精卵ゲノム編集の基礎研究にはヒト発生の科学的な知見を得るための研究もあれば、将来の遺伝子疾患予防や不妊治療をめざす臨床応用へ向けた研究もある。ヒト胚をゲノム編集に使う計画については、中国の論文が示した通り社会に強いメッセージを放ちうることを考えると、審査体制には学者のみならず市民代表などを加えてはどうか。既に、再生医療等の倫理審査委員会には一般代表からの委員参加は当然のこととなっている。個人的には、中国から発表された論文のような、将来の臨床応用をめざす基礎研究は当面控え、不妊をもたらす分子的原因を解明する科学的な研究に焦点を当てるべきだと考える。また、学会主体での審査体制は、審査範囲が所属学会員の研究に限定される点をどう考えるかも検討が必要である。

学会、あるいは複数の学会が協力して取り組まなければならないことが他にもある。農業応用や医療応用を問わず、ゲノム編集の応用に際してオフターゲット変異の評価について現在、世界的に合意はない。オフターゲット変異の評価法は大きく分けると、DNA切断酵素を標的DNAに導くガイド分子の設計段階での検討と、医療や農業に使う細胞での検証に分けられる。多くの研究論文では前者は必ず実施されているが、後者は実施しないケースが見られる。医療や農業に使う細胞におけるオフターゲット変異の解析が実施された場合でも、採られた解析方法はまちまちである。これでは、消費者や患者にオフターゲット変異のリスクについて適切な証拠を示して理解や同意を得られるとは言えないのではないか。日本では世界に先駆けて日本ゲノム編集学会が設立された。ぜひリーダーシップをとって、農業や医療の応用シーンごとに研究コミュニティーとして合意されたオフターゲット変異の評価体系を提示してもらいたい。

6 「遅れている」国に望むこと

2012年8月、朝日新聞と日本経済新聞が掲載した記事は、ゲノム編集の農業応用における諸問題への議論と対応を呼びかける嚆矢であった。記事の中で、カルタヘナ法を所管する環境省の担当官は当面情報収集を進めると回答したが、第2章で触れた通り、5年がたとうとする今も、環境省のスタンスは相変わらずだ。規制対応はせず、個別対応していくつもりなのだろう。しかし、それは国民にとって今後の見通しが非常に理解しにくい。一方、米国、中国などではゲノム編集を使った作物育種は急速に進歩しており、日本に輸入される日も遠くなさそうだ。実際に輸入される段階で、ゲノム編集を経た輸入食品は安全なのか、また栽培用種子として使われた際、日本の生態系に影響を与えることはないのか、国民から回答を求められるのは食品安全委員会、厚生労働省や農林水産省であろうが、リーダーシップなく省庁がばらばらに対応を進めていけば、遺伝子組み換え食品と同じく、混乱やゲノム編集食品に対する否定的な見方につながりかねない。

第4章で、2016年、私が厚生労働省に確認したところ、生殖細胞系列ゲノム編集の臨床研究が計画された場合、「遺伝子治療等臨床研究に関する指針」の第七（生殖細胞や胚の遺伝子改変を意図して行う、あるいはそういう結果となる恐れがある臨床研究は禁止）に該当せず、禁止されない場合があると回答されたと述べた。2017年4月7日、読売新聞は、厚生労働省は、異常がある受精卵の遺伝子を修復し、子どもを出産する臨床研究について、上記の指針の禁止の抜け穴を改め、禁止する方針を固めたと報じた。これは妥当な方向性にみえるし、おそらくこの指針改正で上述の学会主導の関連基礎研究審査体制を正当化しようとするものではないか。臨床応用は指針できちんと禁止されているのだから基礎研究は審査で承認されれば問題ないという論調だ。

しかし、この新聞記事が正しいとしたら、問題が多いと言わざるを得ない。まず、厚生労働省として理由を明らかにしていないにもかかわらず、禁止とするのは問題だ。また手続きがおかしい。行政指針である以上、国民の声を聴かずに結論ありきで改正を進めるのは論外である。仮に、禁止が妥当だとして、臨床研究の指針で禁止とするのが妥当だろうか。この指針で違反した場合、厚生労働科学研究費の提供打ち切り、研究費の返還、他研究資金の交付制限等の罰則となる。これらは国の研究助成を受けている大学などの研究者に対する抑止効果はあろうが、国から研究助成を受けていない民間のクリニックでの研究者にはあまり効果はないだろう。また、民間の生殖医療クリニックは、生殖医療と関係があるようには明示的にわからない「遺伝子治療等臨床研究に関する指針」の中での禁止に注意するだろうか。

私は、目下のところ、生殖細胞系列ゲノム編集の臨床使用は禁止とすることについて大筋賛同するが、指針ではなく、国会での議論を経て法律での禁止とするべきだと考える。生殖医療は今後親になりうる国民全体に関係しうる社会的医療であり、その規制は研究者向けルールの指針ではなく、国民全体が守るべき規範、法によるものであるべきではないだろうか。実際に、そのような先例はある。ヒトに関するクローン技術等の規制に関する法律は、クローン人間を作り出すことを禁止している。この法に違反した者は、10年以下の懲役若しくは1000万円以下の罰金だ。当然、法律違反者は社会的に名前も知られることになる。体細胞核を移植したクローン胚の子宮移植を禁止しているが、一方、クローン胚の基礎研究については国が研究計画を審査し、透明性を確保した上で実施可能としている。

冒頭でふれたが、2017年4月、官邸で、安倍首相は日本国際賞を受賞したシャルパンティエ所長とダウドナ教授を前に、クリスパーは「画期的な研究」と讃えた。一方で、ゲノム編集の農業応用、医療応用ともに、食や生殖という多くの国民が関係する事案であるにもかかわらず、現在の国の対応は統率がとれたものではなく、国民不在でもある。法制定あるいは改正も可能であるのに、それを検討することもせず、一貫性のない行政指針改正、あるいは無対応という惨憺たるありさまだ。

ゲノム編集という技術自体は素晴らしい。しかし、それをどう使うべきか、どう安全性などが確かめられるかが今問題なのだ。第2章、第4章で述べた通り、米国はヒト受精卵ゲノム編集の臨床応用や、ゲノム編集による家畜育種に対する見解を表明している。日本も国として遺伝子改変技術の応用のビジョンをまず示すべきだ。そして市民目線の対話、国会での議論を経て、多くの国民が納得できるようなゲノム編集のルール作りが今、急務である。

あとがき

私がゲノム編集の諸問題へ傾倒していったのは、農業応用におけるNHEJ改変は現行の遺伝子組み換え生物等の規制を超えたままにしてよいのかという問いが契機であった。今年1月、ゲノム編集の医療応用にフォーカスした本を刊行したが、一方、人々の日々の食卓に関係する、農業応用も急速に開発が進んでいることが気がかりであった。その折、タイミングよく岩波書店からゲノム編集作物や家畜の論点を一般の人々に紹介する機会をいただいた。出版企画打ち合わせの結果、農業応用のみならず医療応用も扱い、遺伝子組み換え技術が残した社会的課題を直視しながら、一般の人々の視点に立ってゲノム編集の応用において直面している、あるいは今後立ちはだかる問題を精査することになった。

これまで、遺伝子組み換え食品や遺伝子治療のあり方については個別に議論され、特に、遺伝子組み換え食品は作物に特化した書が多かったように思う。本書は、ゲノム編集作物と家畜の社会受容性とともに、患者に対するゲノム編集治療の切実なニーズと課題、また、将来の子への遺伝学的介入となる生殖細胞系列のゲノム編集の複雑な問題を比較考察するユニークな構成となった。新書の形態で、多様な論点を一般の人々の目線を絶えず意識しながら、また生命倫理の視点も考慮しながら、コンパクトにまとめ上げるのは困難を極めたが、岩波書店の辻村希望氏と島村典行氏の厳しくもあたたかい励ましのおかげで発刊にこぎつけることができた。ここに両氏に深く御礼申し上げたい。

遺伝子組み換え技術の様々な応用において、人々は遺伝子を操作する威力をおよそ理解しているようにみえる。治療開発ではその力を好意的に捉え、逆に農業分野では脅威とみる人が多そうだ。ゲノム編集治療にはリスクが必ず伴う点を、また農業では個人の見解と社会的見地の共通点と相違点を意識することの重要性に言及した。また、家畜育種への応用では、近年さらに高まりつつある動物愛護と遺伝子工学の威力が重畳するとき、慎重に考慮すべき点を掘り下げた。現在の日本では生殖医療は広く受け入れられており、不妊治療という言葉の背景に子のあり方は親が決めるという暗黙の了解がありそうだ。しかし、その医療介入の直接の対象は将来の子である点はあまり意識されていないようにも感じる。そこにゲノム編集を合流させる前に、立ち止まり、考える重要性を特に指摘したつもりである。いわゆるデザイナーベビーは不可避という見方がある。今後、強力な遺伝子工学、ゲノム編集の社会への統合をめぐる議論は本格化するであろう。本書が、その議論に資する論点を提供し、日本におけるゲノム編集の倫理の確立に少しでも貢献できたら幸いである。また、講演などの折、その場で皆さんと直接意見交換する機会が持てたらうれしく思う。

二〇一七年七月

石井哲也

Joung, J. K. Unwanted mutations: Standards needed for gene-editing errors. *Nature* 523, 158 (2015).

◆第 4 章

Liang, P., et al. CRISPR/Cas9-mediated gene editing in human tripronuclear zygotes. *Protein Cell* 6, 363–372 (2015).

Kang, X., et al. Introducing precise genetic modifications into human 3PN embryos by CRISPR/Cas-mediated genome editing. *J. Assist. Reprod. Genet.* 33, 581–588 (2016).

Sinsheimer, R. L. The prospect for designed genetic change. *Am. Sci.* 57, 134–142 (1969).

Ishii, T. Mitochondrial manipulation for infertility treatment and disease prevention. *Human Reproduction: Updates and New Horizons.* 206–209 (Heide Schatten ed., 2016).

Chen, S. H., et al. A limited survey-based uncontrolled follow-up study of children born after ooplasmic transplantation in a single centre. *Reprod. Biomed. Online* 33, 737–744 (2016).

Baylis, F., Robert, J. S. The inevitability of genetic enhancement technologies. *Bioethics* 18, 1–26 (2004).

Araki, M., Ishii, T. International regulatory landscape and integration of corrective genome editing into in vitro fertilization. *Reprod. Biol. Endocrinol.* 12, 108 (2014).

Ishii, T. Germ line genome editing in clinics: the approaches, objectives and global society. *Brief. Funct. Genomics.* 16, 46–56 (2017).

Dyer, S., et al. International Committee for Monitoring Assisted Reproductive Technologies world report: Assisted Reproductive Technology 2008, 2009 and 2010. *Hum. Reprod.* 31, 1588–1609 (2016).

森口千晶「日本はなぜ「子ども養子小国」なのか――日米比較にみる養子制度の機能と役割」井堀・金子・野口(編)『新たなリスクと社会保障』東京大学出版会，53–72 (2012).

Whittaker, A. M. Reproduction opportunists in the new global sex trade: PGD and non-medical sex selection. *Reprod. Biomed. Online* 23, 609–617 (2011).

Tang, L., et al. CRISPR/cas9-mediated gene editing in human zygotes using cas9 protein. *Molecular Genetics and Genomics* 292, 525–533 (2017).

EU. *Plant J.* 78, 742–752(2014).

Tsukaya, H. Design for controllability. *EMBO Rep.* 14, 3(2013).

Araki, M., Nojima, K., Ishii, T. Caution required for handling genome editing technology. *Trends Biotechnol.* 32, 234–237(2014).

Araki, M., Ishii, T. Towards social acceptance of plant breeding by genome editing. *Trends Plant Sci.* 20, 145–149(2015).

Ishii, T., Araki, M. Consumer acceptance of food crops developed by genome editing. *Plant Cell Rep.* 35, 1507–1518(2016).

Ishii, T., Araki, M. A future scenario of the global regulatory landscape regarding genome-edited crops. *GM Crops Food* 8, 44–56(2017).

Devlin, R. H., et al. Assessing ecological and evolutionary consequences of growth-accelerated genetically engineered fishes. *BioScience* 65, 685–700(2015).

Ishii, T. Genome-edited livestock: Ethics and social acceptance. *Animal Frontiers* 7(2), 24–32(2017).

Rollin, B. *On Telos and Genetic-engineering*. Routledge, London(2003).

「ここまで来たバイオ経済・生命操作技術」『農業と経済 臨時増刊号』2017 年 3 月号

◆第 3 章

中部博『いのちの遺伝子——北海道大学遺伝子治療 2000 日』集英社, 1998 年

Kimmelman, J. The ethics of human gene transfer. *Nat. Rev. Genet.* 9, 239–244(2008).

Hacein-Bey-Abina, S., et al. Insertional oncogenesis in 4 patients after retrovirus-mediated gene therapy of SCID-X1. *J. Clin. Invest.* 118, 3132–3142(2008).

金田安史「世界での遺伝子治療薬の開発状況」『循環器内科』第 80 巻, 311–316(2016).

Tebas, P., et al. Gene editing of *CCR5* in autologous CD4 T cells of persons infected with HIV. *N Engl J Med.* 370, 901–910(2014).

Qasim, W., et al. Molecular remission of infant B-ALL after infusion of universal TALEN gene-edited CAR T cells. *Sci. Transl. Med.* 9(2017). doi: 10.1126/scitranslmed.aaj2013.

Araki M., Ishii, T. Providing appropriate risk information on genome editing for patients. *Trends Biotechnol.* 34, 86–90(2016).

参考文献

◆第1章

Klug, A. The discovery of zinc fingers and their applications in gene regulation and genome manipulation. *Annu. Rev. Biochem.* 79, 213-231(2010).

Joung, J. K., Sander, J. D. TALENs: A widely applicable technology for targeted genome editing. *Nat. Rev. Mol. Cell Biol.* 14, 49-55(2013).

Jinek M., et al. A programmable dual-RNA-guided DNA endonuclease in adaptive bacterial immunity. *Science* 337, 816-821(2012).

Sander, J. D., Joung, J. K. CRISPR-Cas systems for editing, regulating and targeting genomes. *Nature Biotechnology* 32, 347-355(2014).

◆第2章

Bruening, G., Lyons, J. M. The case of the FLAVR SAVR tomato. *Calif. Agric.* 54(4), 6-7(2000).

National Academies of Sciences, Engineering, and Medicine. *Genetically Engineered Crops: Experiences and Prospects.* Washington, DC: The National Academies Press(2016).

EFSA GMO Panel Working Group on Animal Feeding Trials. Safety and nutritional assessment of GM plants and derived food and feed: the role of animal feeding trials. *Food Chem. Toxicol.* 46, S2-S70(2008).

アンディ・リーズ(白井和宏訳)『遺伝子組み換え食品の真実』白水社, 2013年

スティーブン・M・ドルーカー(守信人訳)『遺伝子組み換えのねじ曲げられた真実』日経BP社, 2016年

田中豊「JGSSでみる日本人の遺伝子組換え食品に対する態度」日本版General Social Surveys研究論文集6(JGSS Research Series No.3), 95-106(2007).

Ryffel, G. U. Transgene flow: facts, speculations and possible countermeasures. *GM Crops Food* 5, 249-258(2014).

Hartung, F., Schiemann, J. Precise plant breeding using new genome editing techniques: Opportunities, safety and regulation in the

石井哲也

1970年群馬県生まれ．名古屋大学大学院農学研究科博士前期課程修了，北海道大学博士(農学)取得．科学技術振興機構，京都大学iPS細胞研究所などを経て，2013年北海道大学安全衛生本部特任准教授，2015年より同大学安全衛生本部教授．生命倫理，特に医療と食のバイオテクノロジーと社会の関係を研究分野とする．読売，朝日，毎日新聞などへの寄稿，市民向けの講演，NHK「視点・論点」やラジオ出演などで活躍．著書に，『ヒトの遺伝子改変はどこまで許されるのか――ゲノム編集の光と影』(イースト新書Q)．

ゲノム編集を問う
――作物からヒトまで　岩波新書(新赤版)1669

2017年7月20日　第1刷発行

著　者　石井哲也《いしいてつや》

発行者　岡本　厚

発行所　株式会社　岩波書店
〒101-8002 東京都千代田区一ツ橋2-5-5
案内 03-5210-4000　営業部 03-5210-4111
http://www.iwanami.co.jp/

新書編集部 03-5210-4054
http://www.iwanamishinsho.com/

印刷・精興社　カバー・半七印刷　製本・中永製本

ISBN 978-4-00-431669-5　Printed in Japan

岩波新書新赤版一〇〇〇点に際して

ひとつの時代が終わったと言われて久しい。だが、その先にいかなる時代を展望するのか、私たちはその輪郭すら描きえていない。二〇世紀から持ち越した課題の多くは、未だ解決の緒を見つけることのできないままであり、二一世紀が新たに招きよせた問題も少なくない。グローバル資本主義の浸透、憎悪の連鎖、暴力の応酬――世界は混沌として深い不安の只中にある。

現代社会においては変化が常態となり、速さと新しさに絶対的な価値が与えられた。消費社会の深化と情報技術の革命は、種々の境界を無くし、人々の生活やコミュニケーションの様式を根底から変容させてきた。ライフスタイルは多様化し、一面では個人の生き方をそれぞれが選びとる時代が始まっている。同時に、新たな格差が生まれ、様々な次元での亀裂や分断が深まっている。社会や歴史に対する意識が揺らぎ、普遍的な理念に対する根本的な懐疑や、現実を変えることへの無力感がひそかに根を張りつつある。そして生きることに誰もが困難を覚える時代が到来している。

しかし、日常生活のそれぞれの場で、自由と民主主義を獲得し実践することを通じて、私たち自身がそうした閉塞を乗り超え、希望の時代の幕開けを告げてゆくことは不可能ではあるまい。そのために、いま求められていること――それは、個と個の間で開かれた対話を積み重ねながら、人間らしく生きることの条件について一人ひとりが粘り強く思考することではないか。その営みの糧となるものが、教養に外ならないと私たちは考える。歴史とは何か、よく生きるとはいかなることか、世界そして人間はどこへ向かうべきなのか――こうした根源的な問いとの格闘が、文化と知の厚みを作り出し、個人と社会を支える基盤としての教養となった。まさにそのような教養への道案内こそ、岩波新書が創刊以来、追求してきたことである。

岩波新書は、日中戦争下の一九三八年一一月に赤版として創刊された。創刊の辞は、道義の精神に則らない日本の行動を憂慮し、批判的精神と良心的行動の欠如を戒めつつ、現代人の現代的教養を刊行の目的とする、と謳っている。以後、青版、黄版、新赤版と装いを改めながら、合計二五〇〇点余りを世に問うてきた。そして、いままた新赤版が一〇〇〇点を迎えたのを機に、人間の理性と良心への信頼を再確認し、それに裏打ちされた文化を培っていく決意を込めて、新しい装丁のもとに再出発したいと思う。一冊一冊から吹き出す新風が一人でも多くの読者の許に届くこと、そして希望ある時代への想像力を豊かにかき立てることを切に願う。

（二〇〇六年四月）